高职高专"十二五"规划教材

机械零件的数控加工

赵　飞　主　编
杨林波　赵　娜　成　磊　副主编

化学工业出版社
·北京·

本书内容包括数控加工的必备基础知识、数控车削编程与加工、数控铣削编程与加工。书中内容以国家职业标准中、高级数控车工、铣工考核要求为基本依据，从高职高专院校学生的实际能力出发，遵循专业理论的学习规律和技能的形成规律，按照由简单到复杂，由一般到特殊的原则设计一系列学习项目，使数控加工工艺与编程紧密结合，课堂教学与生产实际紧密结合，教、学、做紧密结合。为方便教学，本书配套电子课件。

本书可作为高职高专院校、中等职业学校机械类、机电类专业的教材，并可作为培训用书，还可供相关技术人员参考。

图书在版编目（CIP）数据

机械零件的数控加工/赵飞主编. —北京：化学工业出版社，2015.4（2020.1重印）
高职高专“十二五”规划教材
ISBN 978-7-122-23222-9

Ⅰ.①机… Ⅱ.①赵… Ⅲ.①机械元件-数控机床-加工-高等职业教育-教材 Ⅳ.①TG659

中国版本图书馆 CIP 数据核字（2015）第 043798 号

责任编辑：韩庆利　　文字编辑：张燕文
责任校对：宋　玮　　装帧设计：刘丽华

出版发行：化学工业出版社（北京市东城区青年湖南街 13 号　邮政编码 100011）
印　　装：三河市延风印装有限公司
787mm×1092mm　1/16　印张 10½　字数 254 千字　2020 年 1 月北京第 1 版第 3 次印刷

购书咨询：010-64518888　　售后服务：010-64518899
网　　址：http://www.cip.com.cn
凡购买本书，如有缺损质量问题，本社销售中心负责调换。

定　　价：29.00 元

前言

数控加工技术的应用是机械制造业的一次技术性革命，使机械制造业的发展进入了一个崭新的阶段。由于数控机床综合应用了电子计算机、自动控制、伺服驱动、精密检测与新型机械结构等方面的技术成果，具有高柔性、高精度与高度自动化的特点，因此它提高了机械制造业的制造水平，解决了机械制造中常规加工技术难以解决甚至无法解决的复杂型面零件的加工问题，为社会提供了高质量、多品种及高可靠性的机械产品，已取得了巨大的经济效益。

随着社会制造业的发展和国内制造能力和水平的提高，为了增强针对动态变化市场的适应能力和竞争力，数控加工技术得到广泛应用。因此，国内现代化制造企业对于懂得数控加工技术和工艺，能熟练操作数控机床进行数控加工编程的高级应用型技术人才的需求量将不断增加。

本教材从行业、企业的专业调研出发，依据社会对数控加工技能型人才的需求，采用项目教学的方式重构课程内容，以工作任务为课程设置与内容选择的参照点，以项目为单位组织内容并以项目活动为主要学习方式的课程模式。项目课程模式打破了学科化的知识体系，从职业岗位分析出发，依据职业岗位工作任务组建一系列行动化的学习项目。学生的学习过程是以行动为主的自我建构过程，以完成工作化的学习任务为基础，在有目标的行动化学习中积累实践知识、获取理论知识。

本书具有以下特点。

① 以国家职业标准中、高级数控车工、铣工考核要求为基本依据。

② 从高职高专院校学生的实际能力出发，遵循专业理论的学习规律和技能的形成规律，按照由简单到复杂，由一般到特殊的原则设计一系列学习项目，使数控加工工艺与编程紧密结合，课堂教学与生产实际紧密结合，教、学、做紧密结合。

③ 以目前在企业中广泛使用的FANUC 0i系列数控系统为基本教学环境，在教学内容的编排上，以具体的机械零件为载体，将工艺、编程、加工的理论知识与实践操作技能应用于具体的学习项目中。

本书分为三部分：第一部分为基础部分，主要内容包括数控加工的必备基础知识；第二部分为数控车削部分，主要内容为数控车削编程与加工；第三部分为数控铣削部分，主要内容为数控铣削编程与加工。

本书由从事“数控加工工艺与编程”教学的专业教师共同完成。具体编写人员与编写任务如下：赵飞老师编写了数控车削部分；杨林波老师编写了数控铣削部分；赵娜老师编写了基础部分；孙震、成磊老师负责全书所有程序的调试与仿真加工。赵飞老师负责全书的统稿工作。

本书配套电子课件，可赠送给用书的院校和老师，如果需要，可登录www.cipedu.com.cn下载。

由于编者水平所限，书中不足和疏漏之处在所难免，敬请广大读者批评指正。

编　者

目录

数控机床基础知识

一、数控机床的基本概念

数控即数字控制（Numerical Control，NC），是一种借助于数字、字符或其他符号对某一种工作过程（如加工、测量、装配等）进行可编程控制的自动化方法。数控技术就是用数字信号形成的控制程序对一台或多台机械设备进行控制的一门技术。

机床（Machine Tools）是制造机器的机器，也是能制造机床本身的机器，这是机床区别于其他机器的主要特点，又称为工作母机或工具机。机床对金属或其他材料的坯料或工件进行加工，使之获得所要求的几何形状、尺寸精度和表面质量的零件，机械产品的零件通常都是用机床加工出来的。机床是机械工业的基本生产设备，它的品种、质量和加工效率直接影响着其他机械产品的生产技术水平和经济效益。因此，机床工业的现代化水平和规模，以及所拥有的机床数量和质量是一个国家工业发达程度的重要标志之一。

数控机床（Numerical Control Machine Tools）是指采用数字控制技术对机床的加工过程进行自动控制的一类机床。国际信息处理联盟（IFIP）第五技术委员会对数控机床定义如下：数控机床是一个装有程序控制系统的机床，该系统能够逻辑地处理具有使用号码或其他符号编码指令规定的程序。定义中所说的程序控制系统即数控系统。

实际上，数控机床就是一种装备数控系统的自动化机床，即将机床的各种动作、工件的形状、尺寸以及机床的其他功能用一些数字代码表示，把这些数字代码通过信息载体输入给数控系统，数控系统经过译码、运算以及处理，发出相应的动作指令，自动地控制机床的刀具与工件的相对运动，从而加工出所需要的工件。

二、数控机床的组成与工作过程

1. 数控机床的组成

数控机床一般由输入/输出装置、数控装置、伺服单元、驱动装置、辅助装置、测量装置和机床本体组成，如图 1-1 所示。

（1）输入/输出装置　是操作人员与数控机床进行信息交流的联系环节。键盘、磁盘机等是数控机床的典型输入装置，数控机床操作人员可以采用操作面板上的按钮和键盘将加工信息直接输入，或通过串口通信的方式将加工信息输入到数控系统。控制面板上的 CRT 显示器或点阵式液晶显示器是典型的输出装置，操作人员可以通过显示器获得数控机床当前工

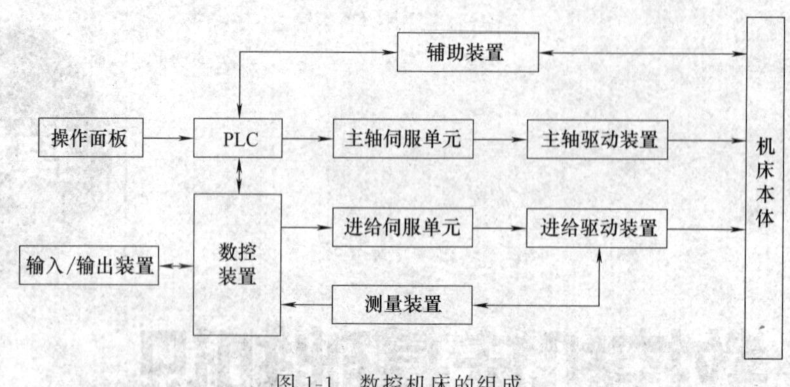

图 1-1 数控机床的组成

作状态、坐标轴位置、机床参数等必要的信息。

(2) 数控装置 是数控系统的核心，主要包括微处理器（CPU）、存储器、局部总路、外围逻辑电路以及各种接口，如图 1-2 所示。它的功能是接受数字化的加工信息，经过控制软件或逻辑电路进行编译、运算和逻辑处理后，输出各种信号和指令，控制数控机床的各个部分进行规定、有序的动作。

图 1-2 数控装置

(3) 伺服单元 如图 1-3 所示，伺服单元是数控装置和机床本体的联系环节，它将数控装置输出的各种微弱指令信号放大成控制驱动装置的大功率信号。按照接受指令的形式不同，伺服单元可分为数字式伺服单元和模拟式伺服单元；按照驱动电机不同，又可分为直流伺服单元和交流伺服单元。

(4) 驱动装置 是把伺服单元放大的指令信号转变为机械运动，通过机械传动部件驱动机床主轴、刀架、工作台等精确定位或按规定的轨迹作严格的相对运动，最后加工出图样所要求的零件。常用的驱动装置有步进电机、直流/交流伺服电机等，如图 1-4 所示。

伺服单元和驱动装置合称伺服驱动系统，它是数控机床的执行机构，是数控机床工作的动力装置，数控装置的指令最终要靠伺服驱动系统来付诸实现。从某种意义上说，伺服驱动系统功能的强弱主要取决于数控装置，而数控机床性能的好坏主要取决于伺服驱动系统。

图 1-3　伺服单元

（5）辅助装置　是保证充分发挥数控机床功能所必需的配套装置，常用的辅助装置包括气动、液压装置，排屑装置，冷却、润滑装置，回转工作台和数控分度头，防护，照明等各种辅助装置。它的主要功能是接收数控装置发出的换向、变速、启停、刀具的选择与更换，以及其他辅助装置动作的指令信号，经过必要的编译、运算与逻辑判断，经过功率放大后直接驱动相应的电器，带动机床的辅助装置完成指令规定的动作。

由于可编程控制器（PLC）具有响应快、性能可靠，易于使用、编程和修改，并可直接驱动机床电器，现已广泛作为数控机床的辅助控制装置，如图 1-5 所示。

图 1-4　伺服电机

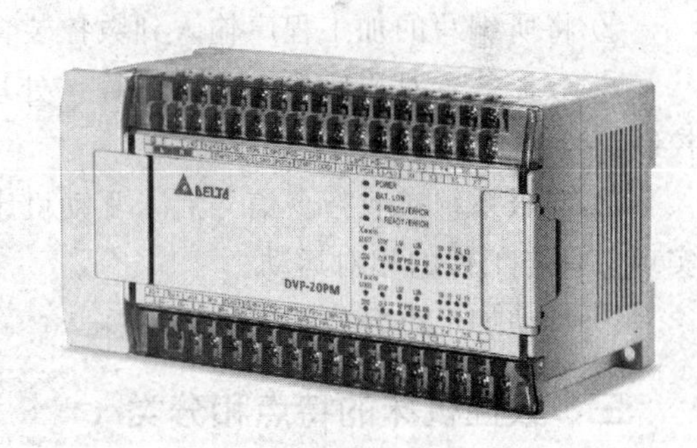

图 1-5　可编程控制器（PLC）

（6）测量装置　也称检测装置、反馈元件，通常安装在机床的工作台、丝杠或驱动电机的主轴上，用来对机床运动部件的位置及速度进行检测，并将实际位移或速度转变成电信号反馈给数控装置，供数控装置与指令值比较，并根据比较后所产生的误差信号，向伺服系统输出达到设定值所需的位移指令。常用的测量装置有脉冲编码器、感应同步器、光栅尺等，如图 1-6 所示。

（7）机床本体　是用于完成各种切削加工的机械部分，是在普通机床的基础上发展起来的。数控机床本体仍然是由主传动装置、进给传动装置、床身、工作台以及辅助运动装置、冷却装置、润滑系统等组成，但其整体布局、传动系统、刀具系统等的结构作了很大的改变，这种变化的目的是为了满足数控机床高精度、高速度、高效率和高柔性的要求。

(a) 光栅尺　　(b) 光电编码器

图 1-6　测量装置

2. 数控机床的工作过程

数控机床加工零件的工作过程如图 1-7 所示。

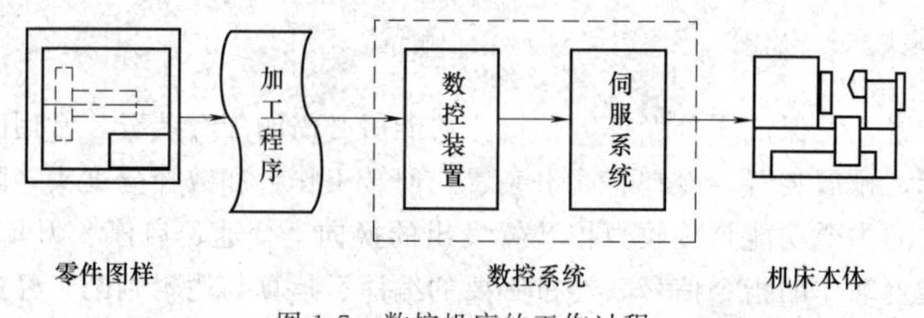

图 1-7　数控机床的工作过程

加工步骤如下。

① 分析零件图样，根据图样的要求制定加工工艺方案，并用规定的代码和程序格式编写出零件的加工程序。

② 将所编写的加工程序输入到数控装置中。

③ 数控装置对程序代码进行计算、处理，向机床各个坐标的伺服系统和辅助装置发出控制信号。

④ 伺服系统接收指令信号后，驱动机床各运动部件及辅助装置进行有序的动作和操作，实现刀具与工件的相对运动。

⑤ 自动加工出合格的零件。

三、数控机床的特点和分类

1. 数控机床的特点

与普通机床相比，数控机床具有如下特点。

(1) 加工精度高　数控机床通过数字信号来控制机床各运动部件进行规则、有序的运动，从而实现对零件的加工。数控装置每输出一个脉冲信号，则机床移动部件移动一个脉冲当量（一般为 0.001mm），而且数控机床的传动系统与机床结构都具有很高的刚度和热稳定性，制度精度高。同时，数控机床的自动加工方式避免了因操作者技术水平的差异而引起的产品质量的不同。因此，数控机床加工出来的工件精度高、尺寸一致性好、质量稳定。

(2) 加工对象适应性强　在数控机床上加工不同的零件时，只需要修改或重新编制零件加工程序就能实现新零件的加工，大大缩短了更换机床硬件的技术准备时间，这就为复杂结构的单件、小批量生产以及试制新产品提供了极大方便。这是数控机床最突出的特点，也是数控机床得以产生和迅速发展的主要原因。

（3）生产效率高 数控机床主轴的转速和进给量的变化范围比普通机床大，每一道工序都可选用最有利的切削用量。由于数控机床良好的结构特点，使其可以进行大切削用量的强力切削，提高了切削效率，节省了机动时间。自动变速、自动换刀和其他辅助操作自动化功能，缩短了辅助时间，而且无需工序间的检验与测量，节省了停机检验时间。

（4）自动化程度高 数控机床对零件的加工是按事先编制好的程序自动完成的。对于操作者来说主要是完成程序的输入、零件的装卸、刀具的选择与安装、加工状态的观测、零件的检验等工作，劳动强度大大减轻。

（5）有利于现代化管理 数控机床的加工可预先准确估计加工时间，所使用的刀具、夹具可进行规范化、现代化管理。另外，数控机床使用数字信息与标准代码输入，易于建立计算机通信网络，并与计算机辅助设计与制造（CAD/CAM）有机地结合起来，是现代集成制造技术的基础。

2. 数控机床的分类

（1）按工艺用途分类

① 金属切削类数控机床 它可以分为普通数控机床和加工中心两种。普通数控机床如

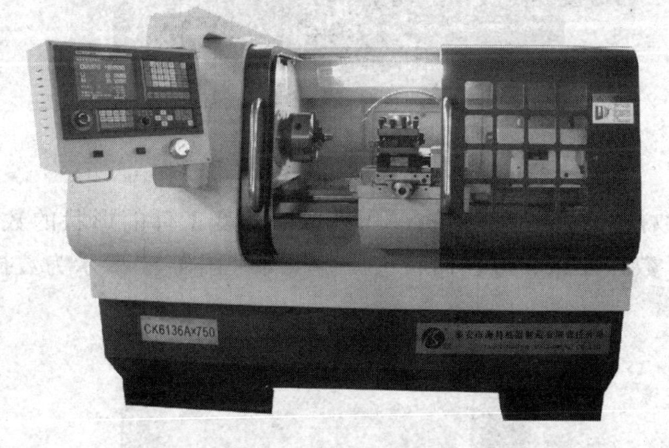

图 1-8 数控车床外观

图 1-9 数控铣床外观

数控铣床、数控车床、数控钻床、数控磨床与数控齿轮加工机床等。普通数控机床在自动化程度上还不够完善，刀具的更换与零件的装夹仍需人工来完成。图 1-8、图 1-9 所示分别为数控车床和数控铣床外观。

加工中心是带有刀库和自动换刀装置的数控机床，零件在一次装夹后，可以将其大部分加工面进行铣、镗、钻、扩、铰及攻螺纹等多工序加工。由于加工中心能有效地避免由于多次安装造成的定位误差，所以它适用于产品更换频繁、零件形状复杂、精度要求高、生产批量不大而生产周期短的产品。图 1-10 所示为加工中心外观。

图 1-10 加工中心外观

② 金属成形类数控机床 是指只通过物理方法改变工件的形状的数控机床，如数控折弯机、数控弯管机、数控冲床、数控回转头压力机等。图 1-11 所示为数控折弯机外观。

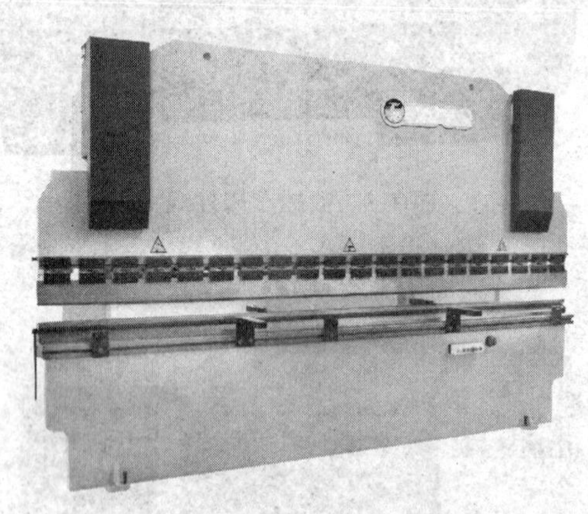

图 1-11 数控折弯机外观

③ 特种加工类数控机床 是指有特种加工功能的数控机床，如数控线切割机床、数控电火花成形机床、数控激光切割机等。图 1-12 所示为数控电火花线切割机床外观。

④ 非加工类数控设备 是指一些广义上的数控设备，如数控装配机、数控测量机、多坐标测量机、自动绘图机和工业机器人等。图 1-13、图 1-14 所示分别为三坐标测量仪和工业机器人外观。

（2）按运动方式分类

① 点位控制数控机床 特点是只保证点与点之间的精确定位，对于两点之间的运动轨

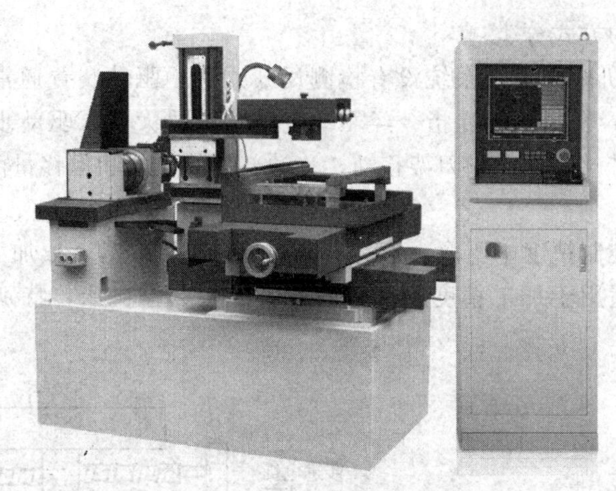

图 1-12　数控电火花线切割机床外观

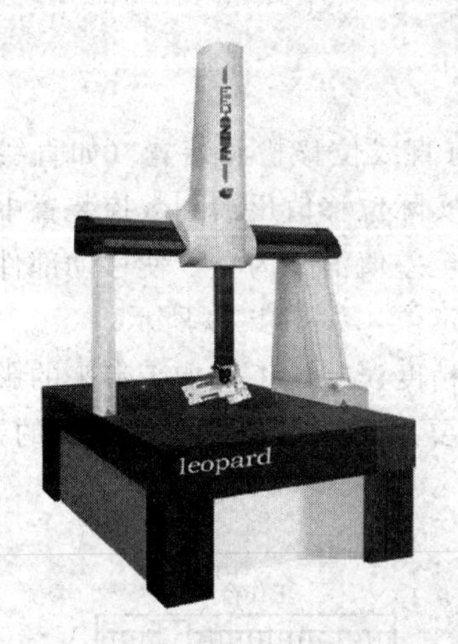

图 1-13　三坐标测量仪外观

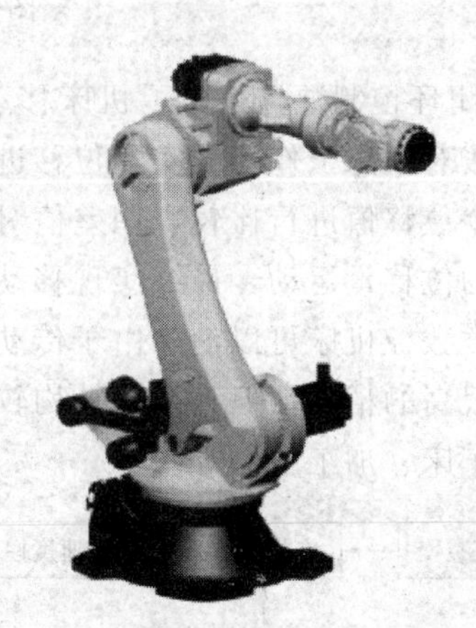

图 1-14　工业机器人外观

迹不作严格要求，在移动和定位过程中不进行任何切削加工，如图 1-15 所示。这类数控机床有数控钻床、数控镗床、数控冲床、数控点焊机等。

② 直线控制数控机床　特点是不仅要保证两点之间的精确定位，而且要控制刀具沿平行坐标轴方向进行直线切削加工运动，如图 1-16 所示。这类数控机床主要为简易数控车床、数控磨床、数控铣床等。

③ 轮廓控制数控机床　能够对两个或两个以上坐标轴的位移和速度进行控制，因而可以进行曲线或曲面的加工，如图 1-17 所示。大多数数控机床都具有轮廓控制功能，如数控车床、数控铣床、加工中心等。

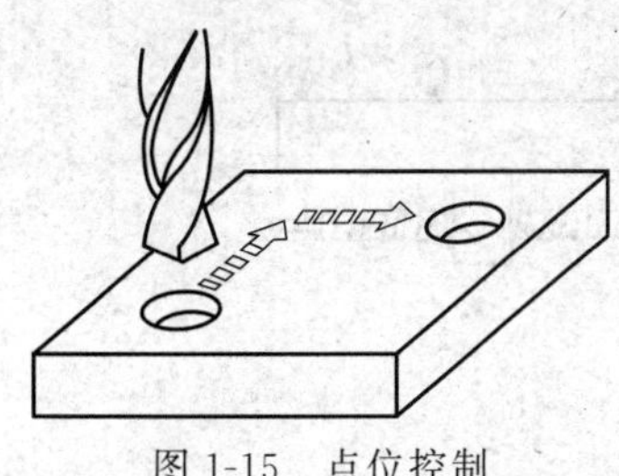

图 1-15　点位控制

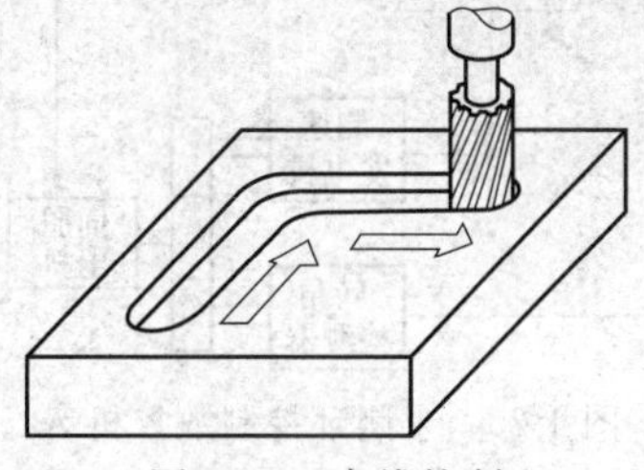

图 1-16　直线控制

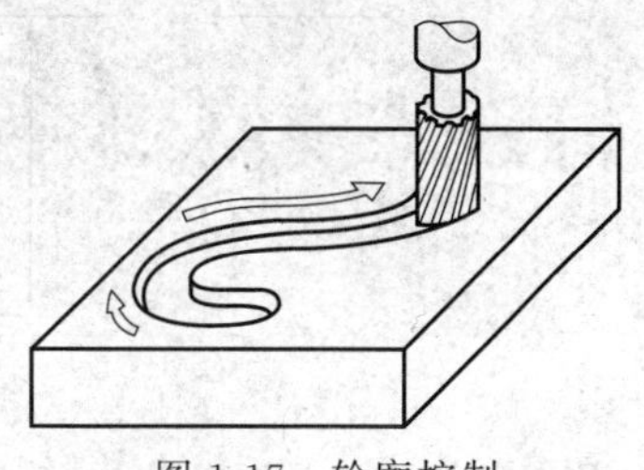

图 1-17　轮廓控制

(3) 按伺服控制的方式分类

① 开环控制数控机床　控制系统没有检测反馈元件，驱动装置通常采用步进电机，如图 1-18 所示。数控装置发出的脉冲指令经驱动电路功率放大后，驱动步进电机旋转一个角度，再经过传动系统带动工作台或刀架移动，移动部件的速度和位移量由脉冲信号的频率和数量决定。

这类数控机床的控制精度主要取决于传动链和步进电机本身，故加工精度不高，但其结构简单，成本较低，适用于加工精度要求不高的中小型数控机床，特别是简易经济型数控机床。

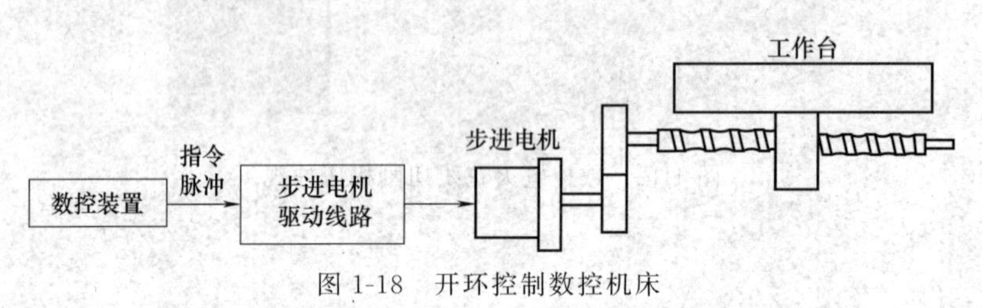

图 1-18　开环控制数控机床

② 闭环控制数控机床　机床移动部件上直接安装有直线位移检测装置（如直线光栅），可以直接对机床工作台的实际位移进行检测，将测量的实际位移值反馈到数控装置中，与输入的指令位移值进行比较，用差值对机床进行控制，直至差值消除为止，使移动部件按照实际需要的位移量运动，最终实现移动部件的精确运动和定位，如图 1-19 所示。

这类数控机床可以消除由于传动部件制造中存在的精度误差给工件加工带来的影响，从而得到很高的精度，但其系统结构较复杂，成本高，主要用于一些精度要求很高的镗铣床、超精密车床、加工中心等。

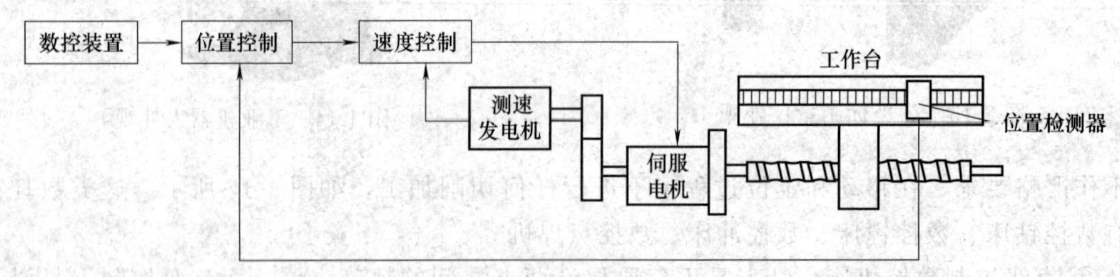

图 1-19　闭环控制数控机床

③ 半闭环控制数控机床　是在伺服电机的轴或数控机床的传动丝杠上装有角度检测装置（如光电编码器），通过检测丝杠的转角间接地检测移动部件的实际位移，然后反馈到数控装置中，并对误差进行修正，如图 1-20 所示。由于该类控制系统的反馈环内没有包含工

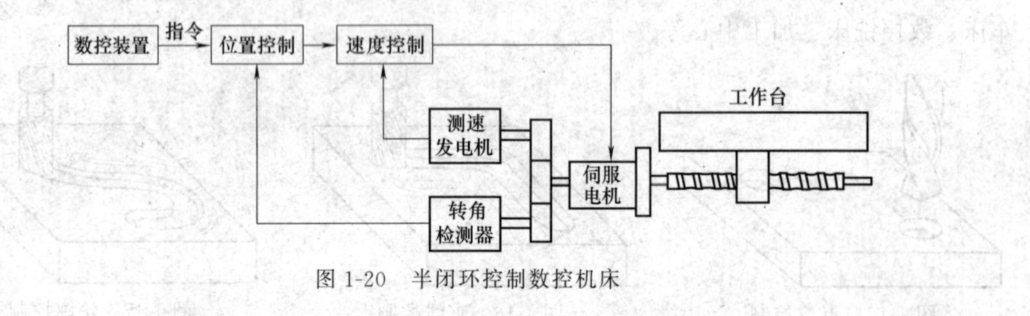

图 1-20　半闭环控制数控机床

作台，故称为半闭环控制。

半闭环控制精度较闭环控制差，但稳定性好、成本较低，调试维修也较容易，兼顾了开环控制与闭环控制两者的特点，因此应用比较普遍。

（4）按数控系统功能水平分类　按数控系统的功能水平不同，数控机床可分为低、中、高三档。这种分类方式，在我国广泛使用。低、中、高档的界限是相对的，不同时期的划分标准有所不同。就目前的发展水平来看，数控系统可以根据表 1-1 的一些功能和指标进行区分。其中，中、高档一般称为全功能数控或标准型数控。

表 1-1　数控系统的功能及指标

功　能	低　档	中　档	高　档
系统分辨率/μm	10	1	0.1
G00 速度/(m/min)	3～8	10～24	24～100
伺服类型	开环及步进电机	半闭环及直、交流伺服电机	闭环及直、交流伺服电机
联动轴数	2～3	2～4	≥5
通信功能	无	RS-232 或 DNC	RS-232、DNC、MAP
显示功能	数码管显示	CRT：图形、人机对话	CRT：三维图形、自诊断
内装 PLC	无	有	功能强大的内装 PLC
主 CPU	8 位、16 位 CPU	16 位、32 位 CPU	32 位、64 位 CPU
结构	单片机或单板机	单微处理器或多微处理器	分布式多微处理器

四、数控机床的发展趋势

1. 高速化

从提高生产率的角度出发，高速化已经是现代机床技术发展的重要方向之一，机床高速化既表现在主轴转速上，也表现在工作台快速移动和进给速度的提高，以及刀具交换时间的缩短等方面。例如，机床采用电主轴（内装式主轴电机），主轴最高转速达 200000r/min；目前国外先进加工中心的刀具交换时间普遍已在 1s 左右，更短的已达 0.5s。

2. 高精化

以前汽车零件的加工精度要求一般在 0.01mm 数量级以上，但随着高速计算机、高精度液压轴承等零件的增多，精整加工所需精度已提高到 0.1μm，加工精度进入了亚微米级。

提高数控设备的加工精度，除通过提高机械设备的制造精度和装配精度外，还可通过减小数控系统的控制误差或采用补偿技术来达到。例如，采用高速插补技术，以微小程序段实现连续进给，使 CNC 控制单位精细化，并采用高分辨率位置检测装置，提高位置检测精度；采用反向间隙补偿、丝杠螺距误差补偿和刀具误差补偿等技术，对设备的热变形误差和空间误差进行综合补偿。研究结果表明，综合误差补偿技术的应用可将加工误差减少 60％～80％。

3. 极端化

极端化是指生产特殊产品的制造技术必须达到“极”的要求。例如，能在高温、高压、强冲击、强磁场、强腐蚀等条件下工作，或具有高硬度、大弹性等特点，或超大、超微、超厚、超薄。极端化加工技术将沟通微观世界与宏观世界，其深远意义难以估量。

4. 智能化

未来的数控设备将是具有一定智能的系统，智能化的内容包括在数控系统中的各个方面。加工效率和加工质量方面的智能化包括加工过程的自适应控制、工艺参数自动生成；驱动性能及使用连接方面的智能化包括电机参数的自适应计算、自动识别负载、自动选定模型等；简化编程和简化操作方面的智能化包括自动编程、人机界面等。

5. 网络化

在网络化和数字化时代，网络化、数字化以及新的制造理论深刻地影响着制造模式和制造观念。作为制造装备的数控机床也必须适应新的制造模式和观念，必须满足网络环境下制造系统集成的要求。具有联网功能正逐渐成为现代数控设备的特征之一，如数控机床的远程故障诊断、远程状态监控、远程加工信息共享、远程操作、远程培训等都是以网络功能为基础的。

6. 集成化

集成化一方面表现为数控机床向柔性自动化发展：即从点（数控单机、加工中心和数控复合加工机床）、线（柔性制造单元 FMC、柔性制造系统 FMS、柔性生产线 FTL、柔性制造生产线 FML）向面（工段车间独立制造、工厂自动化 FA）、体（计算机集成制造系统 CIMS、分布式网络集成制造系统）的方向发展，另一方面向注重应用性和经济性方向发展。柔性自动化技术是制造业适应动态市场需求及产品迅速更新的主要手段，是各国制造业发展的主流趋势，是先进制造领域的基础技术。其重点是以提高系统的可靠性、实用化为前提，以易于联网和集成为目标；注重加强单元技术的开拓、完善；CNC 单机向高精度、高速度和高柔性方向发展；数控机床及其构成柔性制造系统能方便地与 CAD、CAM、CAPP、MTS 联结，向信息集成方向发展；网络系统向开放、集成和智能化方向发展。

机械加工工艺基础

一、金属切削加工的运动要素

1. 金属切削加工

用金属切削刀具从金属材料（毛坯）上切去多余的金属层，从而获得形状、尺寸精度和表面质量都符合图样要求的零件，这样的加工方法称为金属切削加工。金属切削加工的方法有很多，常见的有车削、铣削、钻削、磨削、镗削、刨削、齿轮加工等，如图 2-1 所示。虽然加工的方法多种多样，但它们的加工原理和规律基本相同。

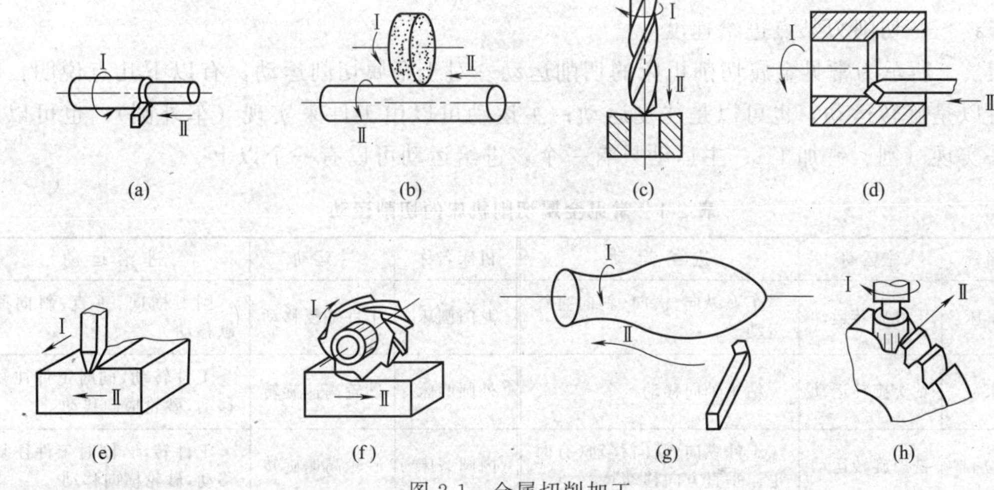

图 2-1　金属切削加工

2. 金属切削运动

金属切削运动是指在切削加工中刀具和工件之间的相对运动。如图 2-2 所示，在车削加工中，工件的旋转运动和刀具的直线运动相结合，实现了外圆柱面的加工。因此，这两种运动就组成了切削运动。通常按运动在切削中所起的作用不同分为主运动和进给运动。

（1）主运动　在金属切削运动中，直接切除工件上多余的金属，形成新表面的运动，也是切削中速度最高，消耗功率最大的运动。

在各种金属切削机床中，大多数切削加工的主运动是机床主轴的旋转运动，如车削中工

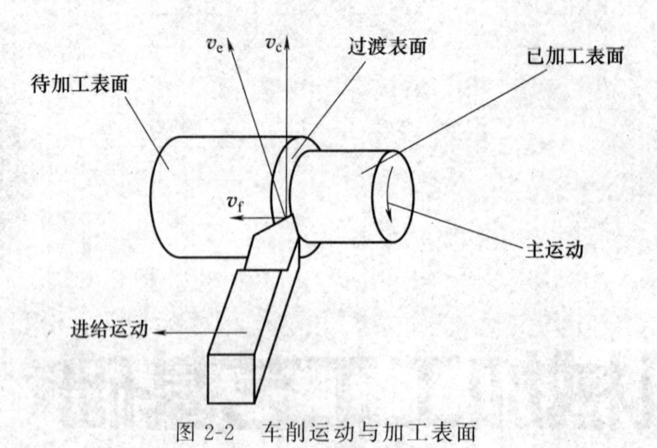

图 2-2 车削运动与加工表面

件的旋转运动、钻削中铣刀的旋转运动、磨削中砂轮的旋转运动等都是主运动。

（2）进给运动 在切削过程中，使刀具和工件之间产生保证切削连续进行的相对运动，通常速度较低、消耗的功率较小，如车削中刀具的直线运动、钻削中钻头的轴向运动、铣削中工件随工作台的直线运动、外圆磨削中工件的旋转和往复直线运动等都是进给运动。

（3）合成运动 当主运动和进给运动同时进行时，主运动和进给运动合成的运动称为合成运动，如图 2-2 所示，即

$$\boldsymbol{v}_e=\boldsymbol{v}_c+\boldsymbol{v}_f$$

式中 $\boldsymbol{v}_e$——切削刃某点合成速度；

$\boldsymbol{v}_c$——切削刃某点切削速度；

$\boldsymbol{v}_f$——切削刃某点进给速度。

表 2-1 所示为常见金属切削机床的切削运动。对于金属切削运动，有以下几点说明：主运动可以是旋转运动，也可以是往复运动；主运动可以由工件来实现（车外圆），也可以由刀具来实现（刨、铣加工）；主运动只有一个，进给运动可以有一个以上。

表 2-1 常见金属切削机床的切削运动

机床名称	主运动	进给运动	机床名称	主运动	进给运动
卧式车床	工件旋转运动	车刀纵向、横向、斜向直线运动	龙门刨床	工件往复移动	刨刀横向、垂直、斜向间歇移动
钻床	钻头旋转运动	钻头轴向移动	外圆磨床	砂轮高速旋转	工件转动，同时工件往复移动，砂轮横向移动
卧铣、立铣	铣刀旋转运动	工件纵向、横向移动（有时也作垂直方向移动）	内圆磨床	砂轮高速旋转	工件转动，同时工件往复移动，砂轮横向移动
牛头刨床	刨刀往复运动	工件横向间歇移动或刨刀垂直斜向间歇移动	平面磨床	砂轮高速旋转	工件往复移动，砂轮横向、垂直方向移动

3. 切削用量

切削加工时工件上有三个不断变化的表面，如图 2-2 所示：待加工表面，加工时工件上有待切除的表面；已加工表面，工件上经刀具切削后形成的表面；加工表面，工件上由切削刃形成的正在切削的表面，也称过渡表面，它是一个变化的表面，在下一个切削行程或下一个切削刃将被切除。

切削速度 v_c、进给量 f、背吃刀量 a_p 称为切削用量三要素。

（1）切削速度 v_c　在进行切削加工时，刀具切削刃上的某一点相对于待加工表面在主运动方向上的瞬时速度称为切削速度，它是衡量主运动大小的量，由下式计算：

$$v_c=\frac{n\pi d}{1000}$$

式中　v_c——切削速度，m/min；

n——工件或刀具的转速，r/min；

d——切削刃上选定点所对应的工件或刀具的回转直径，mm。

（2）进给量 f　是指主运动转一周或往复一个行程，刀具相对于工件在进给方向上的位移量；进给速度 v_f 是指单位时间内刀具相对于工件在进给方向上的位移。两者之间的关系为

$$v_f=fn$$

式中　v_f——进给速度，mm/min；

f——进给量，mm/r；

n——主轴转速，r/min。

对于铣刀、铰刀等多齿刀具，通常要计算每齿进给量 f_z，即多齿刀具每转或每行程中每齿相对于工件在进给运动方向上的位移量，单位为 mm/z。

$$f_z=\frac{f}{z}$$

式中　z——刀具齿数。

（3）背吃刀量 a_p　是指已加工表面与待加工表面之间的垂直距离，如图 2-3 所示。

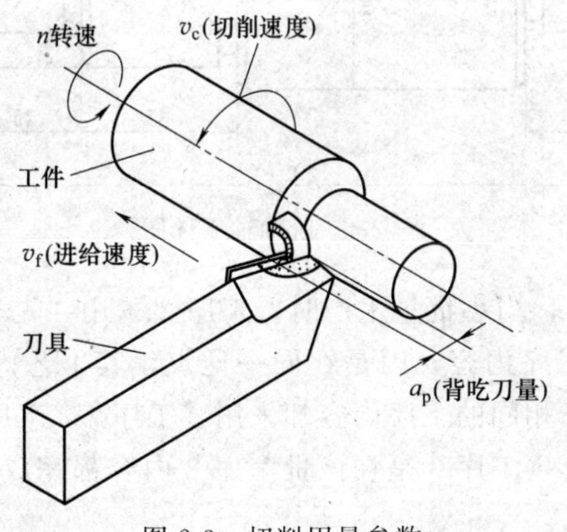

图 2-3　切削用量参数

二、机械加工工艺过程

1. 生产过程

生产过程是指把原材料转变为成品的全过程。对于机械制造而言，生产过程一般包括原材料的运输、仓库保管、生产和技术准备、毛坯制造、机械加工与热处理、部件和整机的装配、机器的检验调试、喷漆和包装等。现代机械工业的发展趋势是组织专业化生产，即一种产品的生产分散在若干个专业化工厂进行，最后集中由一个工厂组装成完整的机械产品。

2. 工艺过程

在生产过程中，改变生产对象的形状、尺寸、相对位置和性质等，使其成为成品或半成

品的过程称为工艺过程。工艺过程是生产过程的主要部分。

由原材料经过浇铸、锻造、冲压或焊接而成为铸件、锻件、冲压件或焊接件的过程，分别称为铸造、锻造、冲压或焊接工艺过程。将铸件、锻件毛坯或钢材经机械加工方法，改变它们的形状、尺寸、表面质量，使其成为合格零件的过程，称为机械加工工艺过程。将机器零件的半成品通过各种热处理方法，直接改变它们的材料性质的过程，称为热处理工艺过程。最后，将合格的机器零件和外购件、标准件装配成组件、部件和机器的过程，称为装配工艺过程。

3. **机械加工工艺过程**

机械加工工艺过程是采用机械加工的方法将毛坯转变为零件的过程。在机械加工工艺过程中，根据被加工零件的结构特点、技术要求，在不同的生产条件下，需要采用不同的加工方法及加工设备，并通过一系列的工序而使毛坯变为零件。因此，机械加工工艺过程是由一个或多个工序组成的，而工序又是由安装、工位、工步和走刀组成。

（1）工序　一个或一组工人在一个工作地点对同一个或同时对几个工件所连续完成的那一部分工艺过程称为工序。划分工序的依据是工作地点是否变化或工作是否连续。图 2-4 所示为阶梯轴零件图，该零件的加工依据加工数量的不同，其工艺过程中工序的划分也不同，具体见表 2-2。

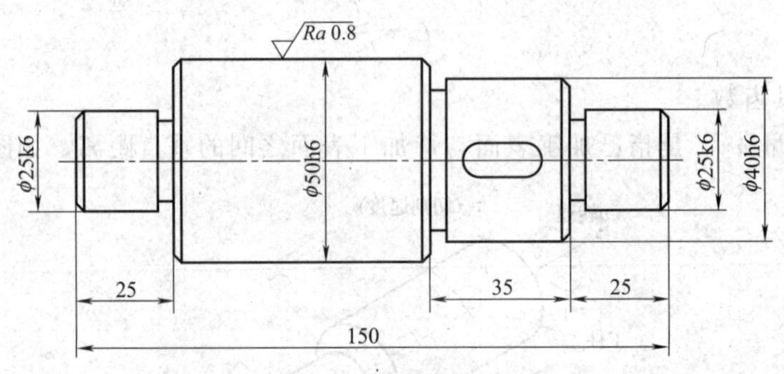

图 2-4　阶梯轴零件图

在表 2-2 的加工工艺中，当小批量生产时，工序 2 采用“先车一个工件的一端，然后调头装夹，再车另一端”的工序内容，因是在同一地点，其工艺内容连续，因此算作一道工序；当大批量生产时，对于相同的工序内容却采用了工序 2、工序 3 两道工序，虽然工作地点相同，但工艺内容不连续（工序 3 是在该批工序 2 内容都完成后才进行的），因此划分为两道工序。

表 2-2　阶梯轴加工工艺

小批量生产			大批量生产		
工序号	工序内容	设备	工序号	工序内容	设备
1	车两个端面、钻两端中心孔	车床	1	两端同时铣端面、钻中心孔	专用机床
2	车外圆、车槽和倒角	车床	2	车一端外圆、车槽和倒角	车床
3	铣键槽、去毛刺	铣床、钳工台	3	车另一端外圆、车槽和倒角	车床
4	磨外圆	磨床	4	铣键槽	铣床
			5	去毛刺	钳工台
			6	磨外圆	磨床

上述工序的划分方法是常规加工工艺中采用的方法。在数控加工中，根据数控加工的特点，工序的划分会比较灵活，还受常规加工工艺的工序划分的限制。

（2）工步　是指在加工表面（或装配连接面）和加工（或装配）工具、切削用量不变的情况下，所连续完成的那一部分工序内容。划分工步的依据是加工表面、切削用量和加工工具是否变化。表 2-2 阶梯轴的加工工艺中，对于小批量生产，工序 1 共有 4 个工步，工序 4 只有 1 个工步。但是，为了简化工艺文件，对在一次安装中连续进行的若干个相同工步，通常都看作一个工步。如图 2-5 所示，零件上有 4 个 $\phi20$ 的孔，可写成一个工步，即钻 $4\times\phi20$ 的孔。

为了提高生产率，有时用几把不同的刀具或复合刀具同时加工一个零件上的几个表面，通常将此工步称为复合工步。如图 2-6 所示，车削和钻削同时进行，就是一个复合工步。在数控加工中，有时把在一次安装下用一把刀具连续切削工件上的多个表面划分为一个工步。

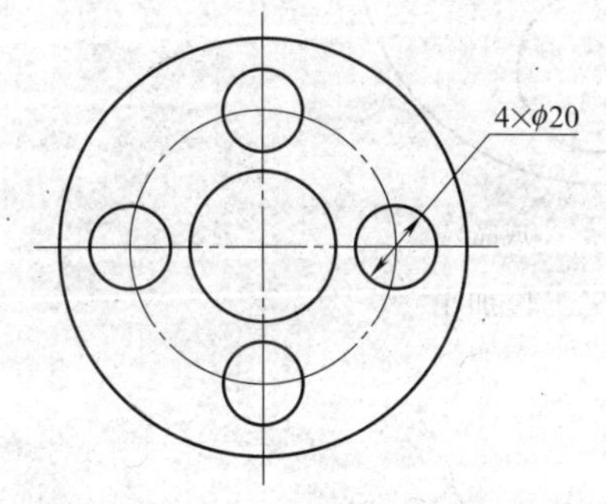

图 2-5　加工 4 个相同表面的工步

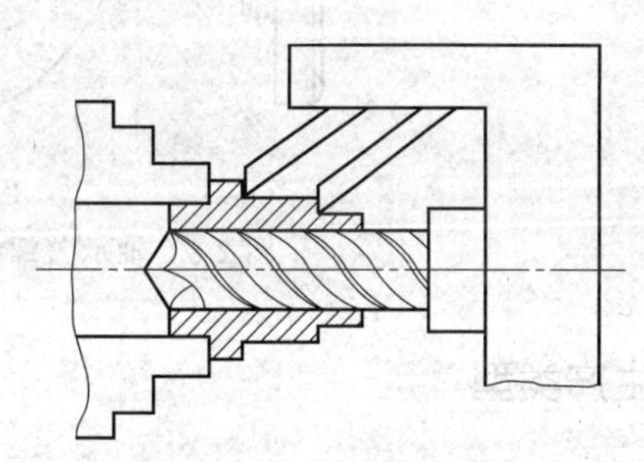

图 2-6　车、钻的复合工步

（3）走刀　在一个工步内，若被加工表面需切除的余量较大，可分为几次切削，每次切削称为一次走刀。图 2-7 所示阶梯轴的车削加工，第一工步只需一次走刀，第二工步需分两次走刀。

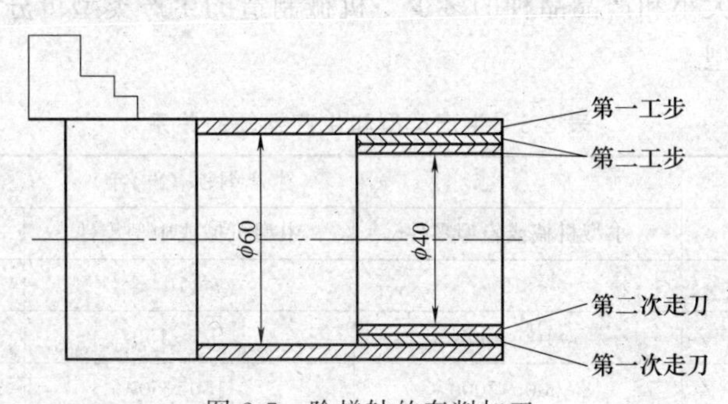

图 2-7　阶梯轴的车削加工

（4）安装　将工件在机床上或夹具中定位、夹紧的过程称为装夹。工件经一次装夹后所完成的那一部分工序称为安装。在一道工序中，工件可能只需要安装一次，也可能需要安装几次。工件在加工过程中，应尽量减少装夹次数，因为多一次装夹就会增加装夹的时间，还会增加装夹误差。

（5）工位　工件一次装夹后，在加工过程中工件如需作若干次位置的改变，则工件与夹具或机床的可动部分一起，相对刀具或机床的固定部分所占据的每一个位置（每一个位置有一个或一组相应的加工表面）上所进行的那部分加工过程，称为一个工位。

为了减少因多次装夹而带来的装夹误差和时间损失，常采用各种回转工作台、回转夹具或移动夹具，使工件在一次装夹中，先后处于几个不同的位置进行加工。图 2-8 是在一台三工位回转工作台机床上加工轴承盖螺钉孔的示意图。操作者在上下料工位Ⅰ处装上工件，当该工件依次通过钻孔工位Ⅱ、扩孔工位Ⅲ后，即可在一次装夹后把四个阶梯孔在两个位置加工完毕。这样，既减少了装夹次数，又因各工位的加工与装卸是同时进行的，从而节约了安装时间，使生产率得到提高。

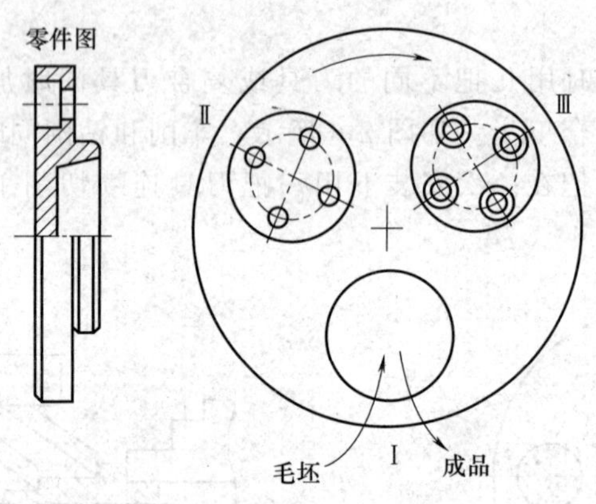

图 2-8　轴承盖螺钉孔的三工位加工

三、生产类型

生产类型的划分主要由生产纲领确定，同时还与产品大小和结构复杂程度有关。不同类型的产品生产类型和生产纲领的关系见表 2-3。生产纲领是指企业单位时间内生产产品的件数，有周生产纲领、月生产纲领、季生产纲领和年生产纲领，通常也把年生产纲领称为年产量，零件的年生产纲领是指包括备品和废品在内的该产品的产量。

根据生产纲领的大小和产品品种的多少，机械制造的生产类型可分为单件生产、批量生产和大量生产三种类型。

表 2-3　生产类型和生产纲领的关系

生产类型		生产纲领/(件/年)		
		小型机械或轻型零件	中型机械或中型零件	重型机械或重型零件
单件生产		≤100	≤10	≤5
批量生产	小批生产	＞100～500	＞10～150	＞5～100
	中批生产	＞500～5000	＞150～500	＞100～300
	大批生产	＞5000～50000	＞500～5000	＞300～1000
大量生产		＞50000	＞5000	＞1000

1. 单件生产

单件生产是指产品品种多，而每一种产品的结构、尺寸不同，产量很少，各个工作地点的加工对象经常改变，且很少重复的生产类型。例如新产品的试制及重型机械、航天仪器、专用设备的制造等。

2. 大量生产

大量生产是指产品数量很大，大多数工作地点长期地按固定节拍进行某一个零件的某一道工序的加工。例如汽车、摩托车、柴油机等的生产。

3. 批量生产

批量生产是指一年中分批轮流地制造几种不同的产品，每一种产品均有一定的数量，工作地点的加工对象周期性地重复。例如机床、电机的生产。

按照批量生产中每批投入生产的数量大小和产品的特征，批量生产又可分为小批生产、中批生产和大批生产三种。小批生产与单件生产相似，大批生产与大量生产相似，常合称为单件小批生产、大批大量生产，而通常所说的批量生产仅指中批生产。

生产类型不同，产品的制造工艺、工装设备、技术措施、经济效益等也不同。大批大量生产采用高效的工艺及设备，经济效益好；单件小批生产通常采用通用设备及工装，生产效率低，经济效益较差。各种生产类型的工艺特征见表 2-4。

表 2-4　各种生产类型的工艺特征

工艺特征	单件小批生产	中批生产	大批大量生产
毛坯的制造方法及加工余量	铸件用木模手工造型，锻件用自由锻。毛坯精度低，加工余量大	部分铸件用金属模造型，部分锻件用模锻。毛坯精度及加工余量中等	铸件广泛采用金属造型，锻件广泛采用模锻，以及其他高效方法。毛坯精度高，加工余量小
机床设备及其布置	采用通用机床、数控机床。按机床类别采用机群式布置	部分采用通用机床及高效机床。按工件类别划分工段排列	广泛采用高效专用机床及自动机床。按流水线或自动线排列
工艺装备	多采用通用夹具、刀具和量具。靠划线和试切法达到精度要求	广泛采用通用夹具，较多采用专用刀具和量具。部分靠找正装夹达到精度要求	广泛采用高效率的专用夹具、刀具和量具。用调整法达到精度要求
工人技术水平	技术熟练	比较熟练	对操作工人的技术要求较低，对调整工人的技术要求较高
工艺文件	有工艺过程卡，关键工序要有工序卡，数控加工工序要有详细的工序卡和程序单等文件	有工艺过程卡，关键工序要有工序卡，数控加工工序要有详细的工序卡和程序单等文件	有工艺过程卡和工序卡，关键工序需要调整卡和检验卡
生产率	低	中	高
成本	高	中	低

数控加工编程基础

一、数控编程

1. 数控编程的内容和步骤

数控编程是指将零件的工艺过程、工艺参数、刀具位移量与方向以及其他辅助动作（换刀、冷却、夹紧等），按加工顺序和所用机床数控系统的指令代码及程序格式编成加工程序，并将其输入数控装置，从而控制数控机床的加工。

在普通机床上加工零件时，一般是由工艺人员按照设计图样事先制定好零件的加工工艺规程。在工艺规程中说明零件的加工工艺、切削用量、机床的规格及刀具、夹具等内容。操作人员按工艺规程的各个步骤操作机床，加工出符合图样要求的零件，也就是说零件的加工过程是由人来完成的。在数控机床上加工零件，则必须把被加工零件的全部工艺过程、工艺参数和零件轮廓数据编制成零件加工程序，并将程序输入数控装置，用它来控制机床的加工。可见，数控机床若无零件加工程序将无法工作。所以，数控加工程序的编制是数控加工中的重要一环。

一般来讲，程序编制包括以下几个方面的工作。

（1）分析零件图样　这项工作的内容包括：分析零件的材料、形状、尺寸、精度及毛坯形状和热处理要求等，以便了解加工内容、要求，进而确定该零件是否适宜在数控机床上加工，或适宜在哪台数控机床上加工，有时还要确定在某台数控机床上加工该零件的哪些工序或哪几个表面。

（2）制定工艺方案　在分析零件图样的基础上，确定零件的加工方法、加工工序、工装夹具、定位夹紧和走刀路线、对刀点、换刀点，并合理选定机床、刀具及切削用量等。

（3）数学处理　根据零件形状和加工路线设定坐标系，计算出零件轮廓相邻几何元素的交点或切点坐标值。当用直线或圆弧逼近零件轮廓时，需要计算出其节点坐标值，以及数控机床需要输入的其他数据。

（4）编写加工程序　根据计算出的运动轨迹坐标值和已确定的加工顺序、刀号、切削参数以及辅助动作，按照数控系统规定的指令代码和格式，逐段编写加工程序。

（5）程序检验　将编写好的加工程序输入数控系统，即可控制数控机床的加工工作。一般在正式加工之前，要对程序进行校验。通常可采用机床空运转的方式，检查机床动作和运动轨迹的正确性，以检验程序。在具有图形模拟显示功能的数控机床上，可通过显示走刀轨迹或模拟刀具对工件的切削过程对程序进行检查。

2. 数控编程方法

数控加工程序的编制方法主要有两种，即手工编程和自动编程。

(1) 手工编程　是指主要由人工来完成数控编程中各个阶段的工作。一般对几何形状不太复杂的零件，所需的加工程序不长，计算比较简单，用手工编程比较合适。

手工编程的特点为：耗费时间长，容易出现错误，无法进行复杂形状零件的编程。据国外资料统计，当采用手工编程时，一段程序的编写时间与其在机床上运行加工的实际时间之比，平均约为 30：1，而数控机床不能开动的原因中有 20%～30%是由于加工程序编制人编制时间较长。

(2) 自动编程　也称计算机编程，即程序编制工作的大部分或全部由计算机完成，如完成坐标值计算、编写零件加工程序等，有时甚至能帮助进行工艺处理。自动编程编出的程序还可通过计算机或自动绘图仪进行刀具运动轨迹的图形检查，编程人员可以及时检查程序是否正确，并及时修改。自动编程大大减轻了编程人员的劳动强度，可提高生产效率几十倍乃至上百倍，同时解决了手工编程无法解决的许多复杂零件的编程难题。工件表面形状越复杂，工艺过程越繁琐，自动编程的优势越明显。

3. 数控编程规则

(1) 绝对值编程和增量值编程　数控机床编程时，可以采用绝对值编程、增量值（相对值）编程或混合编程。

绝对值编程是根据已设定的工件坐标系计算出工件轮廓上各点的绝对坐标值进行编程的方法，程序中常用 X、Y、Z 表示。增量值编程是用相对于前一个位置的坐标增量来表示坐标值的编程方法，程序中用 U、W 表示，其正负由行程方向确定，当行程方向与工件坐标轴方向一致时为正，反之为负。混合编程是将绝对值编程和增量值编程混合起来进行编程的方法。如图 3-1 所示的位移，如用绝对值编程：

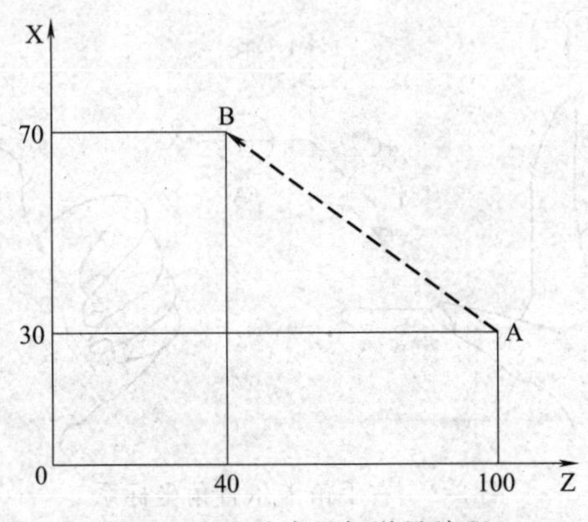

图 3-1　绝对编程与增量编程

X70.0　Z40.0；

如用增量值编程：

U40.0　W－60.0；

混合编程：

X70.0　W－60.0；

或　U40.0　Z40.0；

有些数控系统，用G90表示绝对值编程，用G91表示增量值编程，编程时都使用X、Y、Z。如图3-1所示的位移，如用绝对值编程：

G90 X70.0 Z40.0；

若用增量值编程：

G91 X40.0 Z−60.0；

（2）直径编程和半径编程 在数控车削编程时，因为车削零件的横截面一般都是圆形，所以尺寸有直径指定和半径指定两种。当用直径指定时称为直径编程，当用半径指定时称为半径编程。具体的机床是用直径编程还是半径编程，可以用参数设置。本书数控车削编程与加工中均采用直径编程。

二、数控机床的坐标系

在数控编程时，为了描述机床的运动，简化程序编制的方法和保证数据的互换性，数控机床的坐标系统和运动方向均已标准化，ISO和我国都拟定了命名的标准。

1. 机床坐标系

数控机床的加工过程主要分为刀具的运动和工件的运动两部分。在编程时，人们始终认为工件静止，而刀具是运动的。这样编程人员在不考虑机床上工件与刀具具体运动的情况下，就可以依据零件图样，确定机床的加工过程。

在数控机床上，机床的动作是由数控装置来控制的，为了确定数控机床上的运动，必须先确定机床上运动的位移和运动的方向，这就需要通过坐标系来实现，这个坐标系称为机床坐标系，也称为标准坐标系。

（1）基本坐标轴及其运动方向 标准机床坐标系中X、Y、Z坐标轴的相互关系用右手笛卡尔直角坐标系决定，如图3-2所示。

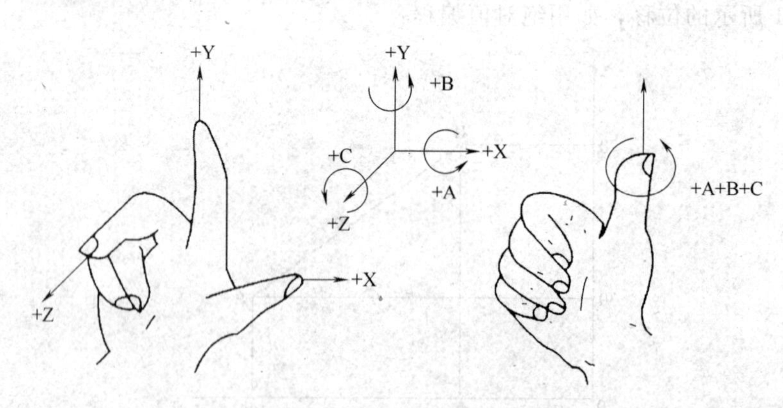

图3-2 右手笛卡尔直角坐标系

伸出右手的大拇指、食指和中指，并互为90°。大拇指代表X轴，其指向为X轴的正方向；食指代表Y轴，其指向为Y轴的正方向；中指代表Z轴，其指向为Z轴的正方向。围绕X、Y、Z坐标轴旋转的旋转坐标分别用A、B、C表示，根据右手螺旋定则，大拇指的指向为X、Y、Z坐标轴中任意轴的正向，则其余四指的旋转方向即为旋转坐标A、B、C的正向。

对于机床坐标系的方向，规定将增大刀具与工件距离的方向确定为各坐标轴的正方向。

（2）各坐标轴的确定 在确定机床坐标系各坐标轴时，一般先确定Z轴，然后再确定

X、Y轴。

① Z坐标　其运动方向是由传递切削动力的主轴所决定的，即平行于主轴轴线的坐标轴即为Z坐标，Z坐标的正向为刀具离开工件的方向。

如果机床上有几个主轴，则选一个垂直于工件装夹平面的主轴方向为Z坐标方向；如果主轴能够摆动，则选垂直于工件装夹平面的方向为Z坐标方向；如果机床无主轴，则选垂直于工件装夹平面的方向为Z坐标方向。图3-3所示为卧式数控车床的坐标系，Z坐标与主轴平行。

② X坐标　它平行于工件的装夹平面，一般在水平面内。如果工件作旋转运动，则刀具离开工件回转中心的方向为X坐标的正方向；如果刀具作旋转运动，则分为两种情况，Z坐标水平时，观察者沿刀具主轴向工件看时，＋X运动方向指向右方，Z坐标垂直时，观察者面对刀具主轴向立柱看时，＋X运动方向指向右方。图3-4所示为立式数控铣床的坐标系。

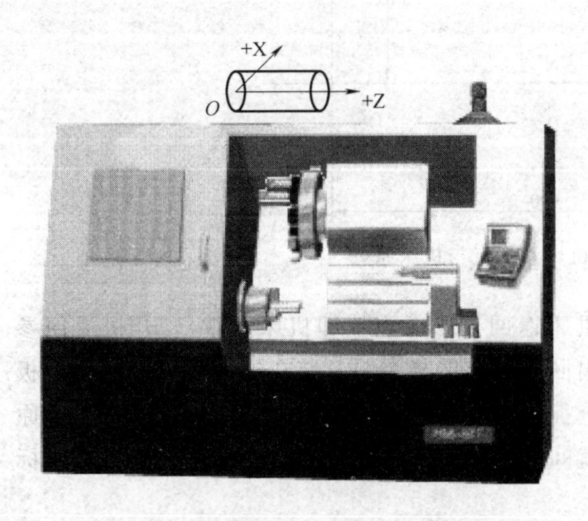

图3-3　卧式数控车床的坐标系

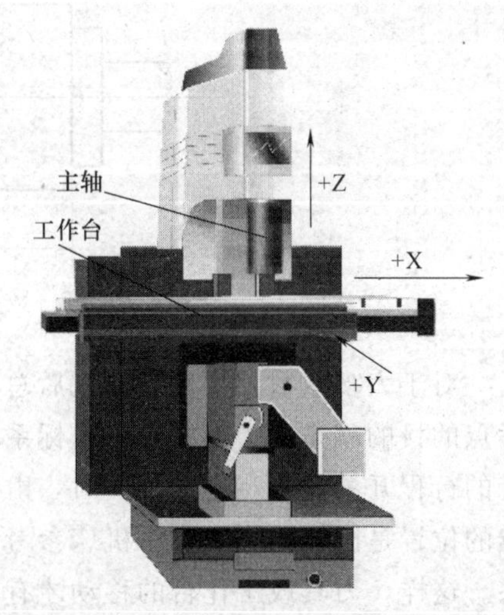

图3-4　立式数控铣床的坐标系

③ Y坐标　在确定X、Z坐标的正方向后，可以根据X和Z坐标的方向，按照右手直角坐标系来确定Y坐标的方向。

（3）机床原点与机床参考点　机床原点又称机床零点，即机床坐标系的原点，是指在机床上设置的一个固定点，它在机床装配、调试时就已确定下来，是数控机床进行加工运动的基准参考点。

在数控车床上，其机床原点一般取在主轴前端面和中心线的交点处，如图3-5所示。

在数控铣床上，机床原点一般设置在X、Y、Z坐标的正方向极限位置上，如图3-6所示。

机床参考点是用于对机床运动进行检测和控制的固定位置点。机床参考点的位置由机床制造厂家在每个进给轴上用限位开关精确调整位置，坐标值已输入数控系统中。因此，参考点对机床原点的坐标是一个已知数。

通常，在数控铣床上机床原点和机床参考点是重合的；而在数控车床上机床参考点是离机床原点最远的极限点，具体位置视机床行程而定。图3-7所示为数控车床的机床参考点与机床原点。

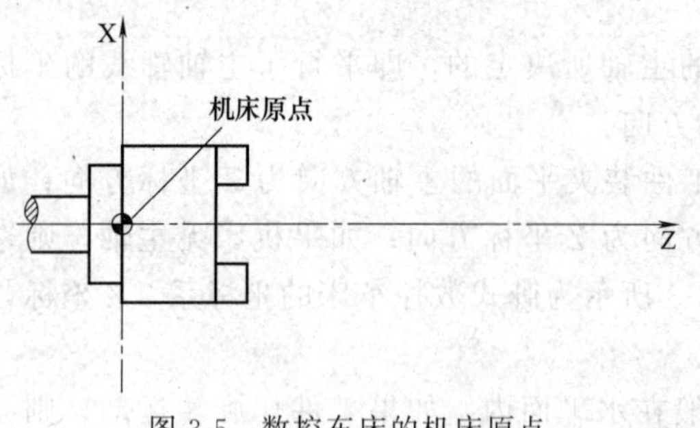

图 3-5 数控车床的机床原点

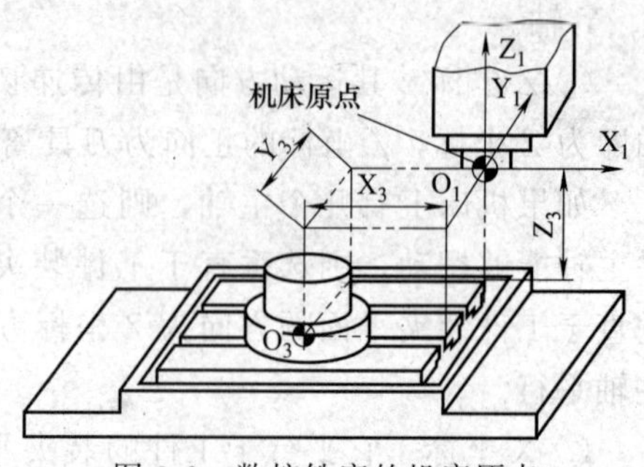

图 3-6 数控铣床的机床原点

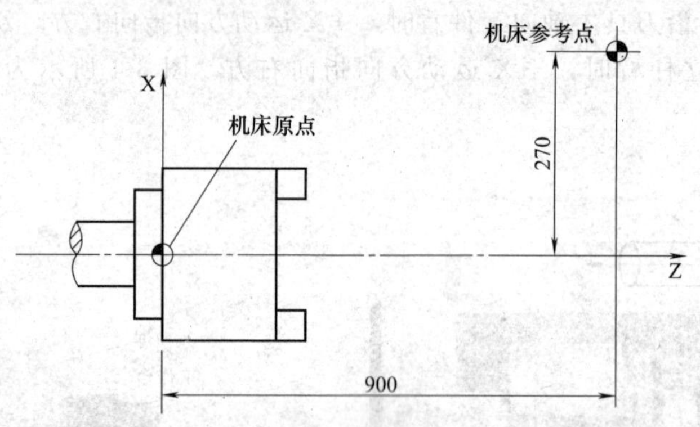

图 3-7 数控车床的机床参考点与机床原点

对于大多数数控机床，开机后总是先使机床返回到参考点（即机床回零），开机返回参考点的目的就是为了建立机床坐标系。当发出回参考点的指令时，装在纵向滑板和横向滑板上的行程开关碰到相应的挡块时，由数控系统控制滑板停止运动。由于机床参考点与机床原点的位置是固定的，找到了机床参考点，也就间接地找到了机床原点，也就建立了机床坐标系。这样，刀具或工作台的移动才有了基准。

2. 工件坐标系

在数控机床上加工零件时，零件可以通过夹具固定于机床坐标系下的任意位置，这样一来用机床坐标系描述刀具轨迹就显得不太方便。为此编程人员在编写零件加工程序时通常要选择一个工件坐标系，也称为编程坐标系，这样刀具轨迹就变为工件轮廓在工件坐标系下的坐标了。编程人员就不用考虑工件上的各点在机床坐标系下的位置，从而大大简化了问题。

工件坐标系是人为设定的，设定的依据是既要符合尺寸标注的习惯，又要便于坐标的计算和编程。一般工件坐标系的原点（编程原点）选择在设计基准或工艺基准上，编程坐标系

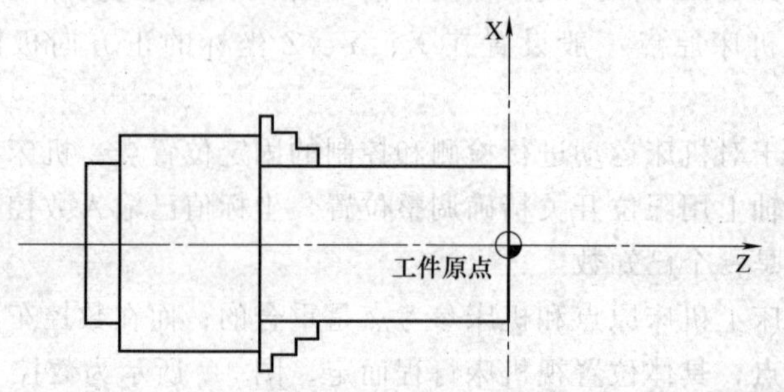

图 3-8 数控车床的工件坐标系

中各坐标轴的方向应该与所使用的数控机床相应的坐标轴方向一致。图 3-8 所示为数控车床的工件坐标系，其工件原点通常设置在工件端面与主轴中心线的交点处。

三、数控程序结构与常用功能指令

1. 程序结构

一个完整的数控加工程序由程序号、程序内容和程序结束三部分组成。下面是某一零件的加工程序：

```
O0001;                                  程序号
N10 G01 X40.0 Z0.0 F0.2;         ⎫
N20 X60.0 Z－10.0;                ⎪
N30 Z－30.0;                      ⎪
N40 X80.0;                        ⎬ 程序内容
N50 G03 X100.0 Z－40.0 R10.0;     ⎪
N60 G01 Z－50.0;                  ⎪
N70 G00 X120.0;                   ⎭
N80 M30;                                程序结束
```

(1) 程序号　位于程序主体之前，是程序的开始部分，一般独占一行。为了区别存储器中不同的程序，每个程序都要有程序号。程序号一般由规定的字母“O”、“P”或符号“%”、“:”开头，后面紧跟若干位数字组成。如 FANUC 系统的程序号由“O”和“1～9999”范围内的任意四位数字组成。

(2) 程序内容　是整个程序的核心部分，由若干个程序段组成。一个程序段表示零件的一段加工信息，若干个程序段的集合，则完整地描述了一个零件加工的所有信息。

(3) 程序结束　其指令代表零件加工程序的结束，可以作为程序结束标记的指令有 M02 和 M30，为了保证最后程序段的正常执行，通常要求 M02/M30 单独占一行，并且必须写在程序的最后。

对于加工程序的核心部分程序内容来说，它又由若干个程序段组成，每个程序段又由若干个地址字组成，而地址字则由字母（地址符）和数字组成。下面是某加工程序中的一个程序段：

N50 G03 X100.0 Z－40.0 R10.0 F0.2;

在该程序段中，“N50”称为程序段顺序号，顺序号位于程序段之首，由顺序号字“N”和若干位数字组成。顺序号字“N”是地址符，后续数字一般为 1～4 位的正整数。数控系统不是按顺序号的次序来执行程序的，而是按照程序段编写时的排列顺序逐段执行的。程序段顺序号作为“跳转”或“程序检索”的目标位置指示，它的大小及次序可以颠倒，也可以省略。

该程序段结尾以“;”结束，把“;”称为程序段结束符，它写在每一个程序段的最后，表示程序段结束。

程序段的中间部分是程序段的内容，主要包括准备功能字、尺寸功能字、进给功能字、主轴功能字、刀具功能字、辅助功能字等各种功能字，但并不是所有程序段都必须包含这些功能字，有时一个程序段内可仅含有其中一个或几个功能字。

各种数控系统都有其特定的编程格式，对于不同的机床，程序格式是不同的。所以编程人员在编程之前，要认真阅读所用机床的说明书，严格按照规定格式进行编程。

2. 常用功能指令

在进行数控编程时，对机床运动中的各个动作都要用指令形式规定，这类指令称为功能指令。不同的数控系统，其指令的含义是不同的，编程的方法也不同。FANUC 系统的功能指令包括准备功能 G 代码、辅助功能 M 代码、主轴功能 S 代码、进给功能 F 代码和刀具功能 T 代码。

（1）准备功能 G 代码　是建立机床或控制数控系统某种工作方式的指令，如用来规定刀具和工件的相对运动轨迹、机床坐标系的建立和选择、坐标平面的选择、刀具补偿方式的确定等多种加工操作等。FANUC 0i Mate-TC 数控系统 G 代码见表 3-1。

表 3-1　FANUC 0i Mate-TC 数控系统 G 代码

G 代码	组别	功　能	格　式
★ G00	01	定位(快速进给)	G00 X(U)__ Z(W)__
G01	01	直线插补(切削进给)	G01 X(U)__ Z(W)__ F__
G02	01	顺时针圆弧插补 CW	G02 X(U)__ Z(W)__ {R__ / I__ K__} F__
G03	01	逆时针圆弧插补 CW	G03 X(U)__ Z(W)__ {R__ / I__ K__} F__
G04	00	暂停	G04(X/U/P) X、U 后面的数字要带小数点，以秒(s)为单位 P 后面的数字为整数，以毫秒(ms)为单位
G10	00	可编程数据输入	G10 P__ X(U)__ Z(W)__ R__ Q__
G11	00	可编程数据输入方式取消	G11
★ G18	16	ZX 平面选择	G18
G20	06	英制输入	G20
G21	06	公制输入(毫米输入)	G21
★ G22	09	存储行程检测功能有效	G22
G23	09	存储行程检测功能无效	G23
G27	00	参考点返回检查	G27 X(U)__ Z(W)__
G28	00	返回参考点	G28 X(U)__ Z(W)__
G30	00	返回第 2、第 3 和第 4 参考点	G30 X(U)__ Z(W)__
G31	00	跳转功能	G31 X__ Z__ F__
G32	01	螺纹切削	单头螺纹：G32 X(U)__ Z(W)__ F__ 多头螺纹：G32 X(U)__ Z(W)__ F__ Q__
★ G40	07	刀具半径补偿取消	{G40 / G41 / G42} {G01 / G02} X(U)__ Z(W)__
G41	07	刀具半径在前进方向左侧补偿	
G42	07	刀具半径在前进方向右侧补偿	
G50	00	坐标系设定 或最高主轴转速设定	设定坐标系：G50 X__ Z__ 设定主轴最高转速：G50 S__
G52	00	设定局部坐标系	G52 X__ Z__
G53	00	设定机床坐标系	G53 X__ Z__

续表

G代码	组别	功能	格式
★ G54	14	设定工件坐标系1	G54
G55		设定工件坐标系2	G55
G56		设定工件坐标系3	G56
G57		设定工件坐标系4	G57
G58		设定工件坐标系5	G58
G59		设定工件坐标系6	G59
G65	00	宏程序调用	G65
G66	12	宏程序模态调用	G66
★ G67		宏程序模态调用取消	G67
G70	00	精车循环	G70 P(ns) Q(nf)
G71		外径、内径粗车循环	G71 U(Δd) R(e) G71 P(ns) Q(nf) U(Δu) W(Δw) F(f) S(s) T(t)
G72		端面粗车循环	G72 W(Δd)R(e) G72 P(ns)Q(nf) U(Δu)W(Δw)F(f)S(s)T(t)
G73		固定形状车削复合循环	G73 U(Δi)W(Δk) R(d) G73 P(ns)Q(nf) U(Δu)W(Δw)F(f)S(s)T(t)
G74		端面断续加工循环(端面深孔钻削)	G74 R(e) G74 X(U) Z(W)P(Δi)Q(Δk)R(Δd)F(f)S(s)T(t)
G75		外径、内径断续加工循环	G75 R(e) G75 X(U) Z(W)P(Δi)Q(Δk)R(Δd)F(f)S(s)T(t)
G76		螺纹切削复合循环	G76 P(m)(r)(a) Q(Δd_{min})R(d) G76 X(U) Z(W)R(i)P(k)Q(Δd)F(L)S(s)T(t)
★ G80	10	固定钻循环取消	G80
G83		平面钻孔循环	G83 X(U)_ C(H)_ Z(W)_ R_ Q_ P_ F_ K_ M_
G84		平面攻螺纹循环	G84 X(U)_ C(H)_ Z(W)_ R_ P_ F_ K_ M_
G85		正面镗孔循环	G85 X(U)_ C(H)_ Z(W)_ R_ P_ F_ K_ M_
G87		侧钻循环	G87 Z(W)_ C(H)_ X(U)_ R_ Q_ P_ F_ K_ M_
G88		侧攻螺纹循环	G88 Z(W)_ C(H)_ X(U)_ R_ P_ F_ K_ M_
G89		侧镗循环	G89 Z(W)_ C(H)_ X(U)_ R_ P_ F_ K_ M_
G90	01	外径、内径切削循环	G90 X(U)_ Z(W)_ F_ G90 X(U)_ Z(W)_ R_ F_
G92		螺纹切削循环	G92 X(U)_ Z(W)_ F_ G92 X(U)_ Z(W)_ R_ F_
G94		端面切削循环	G94 X(U)_ Z(W)_ F_ G94 X(U)_ Z(W)_ R_ F_
G96	02	主轴恒线速度循环	G96 S_
★ G97		主轴恒线速度循环取消	G97 S_

续表

G代码	组别	功能	格式
G98	05	每分钟进给	G98 F＿
★ G99		每转进给	G99 F＿

注：当机床电源打开或按复位键时，标有★符号的G代码被激活，即默认状态。

说明：

① G代码根据功能不同分成若干组，其中00组的G功能称为非模态G代码，只在所规定的程序段中有效，程序段结束时被注销；其余各组G代码称为模态G代码，这些代码功能一旦被执行，则一直有效，直到被同一组的其他G代码注销为止。

② 模态G代码组中包含一个默认的G功能，系统上电时将被初始化为该功能。

③ 没有共同指令字符的不同组G代码可以放在同一程序段中，而且与顺序无关，如G21 G41 G01可以放在同一程序段中；如果在同一程序段中指令了两个或两个以上属于同一组的G代码，只有最后的G代码才有效；如果在程序段中指令了G代码表中没有列出的代码，则显示报警。

(2) 辅助功能M代码　辅助功能由字母M及其后两位数字组成，共有100种（M00～M99）。常用的M代码如表3-2所示。辅助功能主要用于控制机床及其辅助装置通断的指令，如主轴正反转、停转、程序结束等。

表3-2　常用辅助功能M代码

代　码	功能说明	代　码	功能说明
M00	程序暂停	M03	主轴正转
M01	有条件程序暂停	M04	主轴反转
M02	程序结束	M05	主轴停止
M30	程序结束并返回程序起点	M07	1号切削液打开
M98	调用子程序	M08	2号切削液打开
M99	子程序结束	M09	切削液关闭

① 程序暂停M00　M00用于停止主轴旋转、进给和切削液，以便执行某一个手动操作，如换刀等工作。在此以前的模态信息全部被保存下来，相当于单程序段停止。按下控制面板上的循环启动键后，可继续执行下一段程序。

② 选择停止M01　其功能和M00相似。不同的是M01只有在机床操作面板上的“选择停止”开关处于“ON”状态时此功能才有效。M01常用于关键尺寸的检验和临时暂停。

③ 程序结束M02　该指令表示加工程序全部结束。它使主轴运动、进给运动、切削液供给等停止，机床复位。

④ 主轴正转M03　该指令使主轴正转。

⑤ 主轴反转M04　该指令使主轴反转。

⑥ 主轴停止M05　在M03或M04指令作用后，可以用M05指令使主轴停止。

⑦ 切削液开M08　该指令使切削液开始供给。

⑧ 切削液关M09　该指令使切削液停止供给。

⑨ 程序结束并返回到程序开始M30　程序结束并返回程序的第一条语句，准备下一个零件的加工。

（3）主轴功能 S 代码　主轴功能用来指定主轴转速或速度，其应用分以下几种情况。

① 表示主轴旋转速度（一般情况下）　单位为 r/min，如 S300 M03 表示主轴正转速度为 300r/min。

② 用恒线速度控制　当系统执行 G96 指令后，用 S 指定主轴的切削速度 v_c（m/min）。例如 G96 S150 表示控制主轴转速，使切削点的线速度始终保持在 150m/min。

③ 用于限定主轴最高转速　当进行端面或球面加工时，为了获得稳定的表面加工质量，要求主轴转速能够自动调整，并且为了避免飞车，需要限定主轴最高转速。通过 G50 指令可以限定主轴最高转速。例如 G50 S2000 表示把主轴最高转速限定为 2000r/min。

④ 用于主轴转速控制　G97 是取消恒线速度控制的含义。此时，S 指定的数值表示主轴每分钟的转数。例如 G97 S1500 表示主轴转速为 1500r/min。

（4）进给功能 F 代码　F 功能指令表示工件被加工时刀具相对于工件的进给速度，其单位取决于 G98、G99 指令。

① 每分钟进给 G98　在一条含有 G98 的程序段后面，再遇到 F 指令时，则认为 F 所指定的进给速度单位为 mm/min。当 G98 被执行一次后，系统将保持 G98 状态，直到被 G99 取消为止。例如 G98 F50 即表示进给速度为 50mm/min。

② 每转进给 G99　在一条含有 G99 的程序段后面，再遇到 F 指令后，则认为 F 所指定的进给速度单位为 mm/r。若系统开机状态为 G99 状态，则只有输入 G98 指令后，G99 才被取消。例如 G99 F0.2 即表示进给速度为 0.2mm/r。

（5）刀具功能 T 代码　用于选刀或换刀，用地址和后面的 4 位数字来指定刀具号和刀具补偿号。前两位数字是刀具号，后两位数字是刀具补偿号。例如 T0404 表示选择 4 号刀具和 4 号刀具长度补偿及刀尖圆弧半径补偿值，T0400 表示取消刀具补偿。

实训项目

项目一　FANUC 0i 系统数控车床的基本操作

一、项目描述

① 利用数控车床操作面板输入下面程序。

O0001；
G54 G99 G40；
T0101；
S600 M03；
G01 X40. 0 Z0. 0 F0. 2；
X60. 0 X　10. 0；
Z－30. 0；
X80. 0；
G03 X100. 0 Z－40. 0 R10. 0；
G01 Z－50. 0；
G00 X120. 0；
G28 U0 W0；
M05；
M30；

② 利用试切法完成外圆车刀的对刀操作。

二、项目要求

① 掌握数控车床操作面板上主要功能按钮的含义与用途。

② 掌握数控车床的基本操作方法。

③ 掌握简单数控加工程序的输入与编辑。

④ 掌握试切法对刀的操作方法。

三、项目指导

1. FANUC 数控车床系统操作面板介绍

FANUC 0i Mate 车床数控系统的操作面板主要由 CRT/MDI（LCD/MDI）单元、MDI 键盘组成。图 4-1 所示为 FANUC 0i Mate 车床数控系统的操作面板。

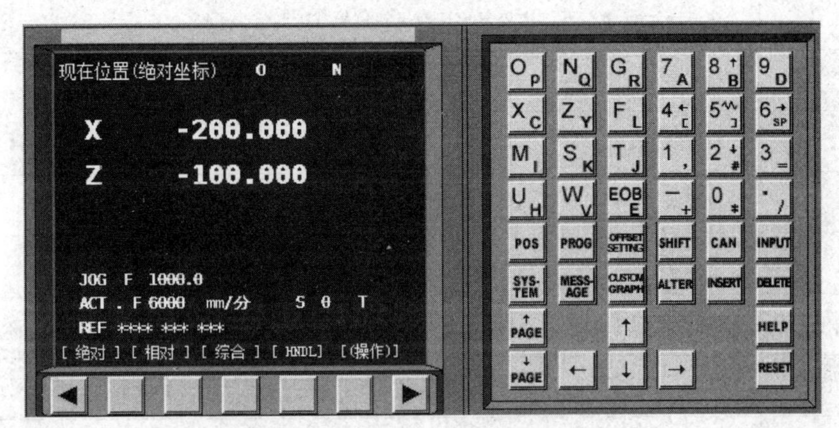

图 4-1 FANUC 0i Mate 车床数控系统的操作面板

其中，MDI 键盘各按钮的功能如表 4-1 所示。

表 4-1 MDI 键盘按钮功能

按钮	功能
↑PAGE ↓PAGE	软键 ↑PAGE 实现左侧 CRT 中显示内容的向上翻页；软键 ↓PAGE 实现左侧 CRT 显示内容的向下翻页
↑ ← ↓ →	移动 CRT 中的光标位置。软键 ↑ 实现光标的向上移动；软键 ↓ 实现光标的向下移动；软键 ← 实现光标的向左移动；软键 → 实现光标的向右移动
O_P N_Q G_R X_C Z_Y F_L M_I S_K T_J U_H W_V EOB_E	实现字符的输入，点击 SHIFT 键后再点击字符键，将输入右下角的字符。例如，点击 O_P 将在 CRT 的光标所处位置输入“O”字符，点击软键 SHIFT 后再点击 O_P 将在光标所处位置处输入“P”字符；软键中的“EOB”将输入“;”号表示换行结束
7_A 8_B 9_D 4_[5_] 6_{SP} 1_, 2_# 3₌ −₊ 0_* ._/	实现字符的输入，例如，点击软键 5_] 将在光标所在位置输入“5”字符，点击软键 SHIFT 后再点击 5_] 将在光标所在位置处输入“]”
POS	在 CRT 中显示坐标值
PROG	CRT 将进入程序编辑和显示界面
OFFSET SETTING	CRT 将进入参数补偿显示界面

续表

按钮	功　能
SYSTEM	系统参数页面
MESSAGE	信息页面，如报警
CUSTOM GRAPH	在自动运行状态下将数控显示切换至轨迹模式
SHIFT	输入字符切换键
CAN	删除单个字符
INPUT	将数据域中的数据输入到指定的区域
ALTER	字符替换
INSERT	将输入域中的内容输入到指定区域
DELETE	删除一段字符
HELP	系统帮助页面
RESET	机床复位

2. FANUC 0i Mate 系统数控车床操作面板介绍

图 4-2 所示为 FANUC 0i Mate 系统数控车床操作面板，通过此操作面板可完成对数控车床的各种操作。

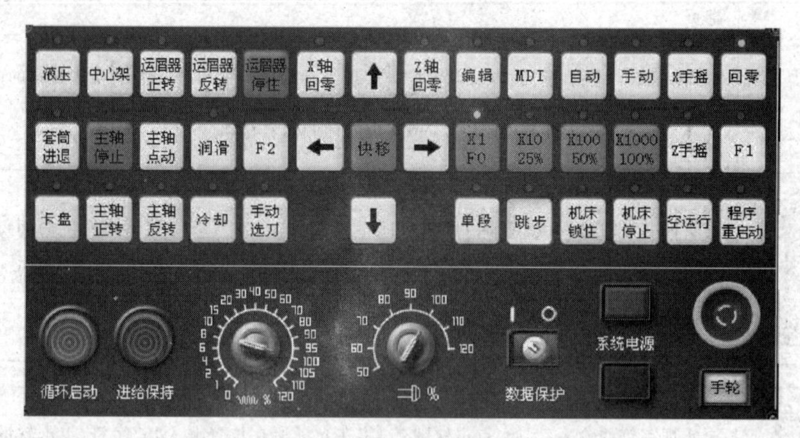

图 4-2　FANUC 0i Mate 系统数控车床操作面板

操作面板主要按钮的名称和功能如表 4-2 所示。

表 4-2　FANUC 0i Mate 数控车床操作面板按钮功能

按　钮	名　称	功能说明
操作模式	编辑	按此按钮，系统可进入程序编辑状态，用于直接通过操作面板输入数控程序和编辑程序
	MDI	按此按钮，系统可进入 MDI 模式，手动输入并执行指令

续表

按钮	名称	功能说明
操作模式	自动	按此按钮，系统可进入自动加工模式
	手动	按此按钮，系统可进入手动模式，手动连续移动机床
	X手摇	按此按钮，系统可进入手轮/手动点动模式，并且进给轴向为X轴
	Z手摇	按此按钮，系统可进入手轮/手动点动模式，并且进给轴向为Z轴
	回零	按此按钮，系统可进入回零模式
X1 F0 X10 25% X100 50% X1000 100%	手动点动/手轮倍率	在手动点动或手轮模式下按此按钮，可以改变步进倍率
单段	单段	此按钮被按下后，运行程序时每次执行一条数控指令
跳步	跳步	此按钮被按下后，数控程序中的注释符号“/”有效
机床锁住	机床锁住	按此按钮后，机床锁住无法移动
机床停止	机床复位	按此按钮，机床可进行复位
空运行	空运行	系统进入空运行模式
程序重启动		程序重启动
系统电源	电源开	按此按钮，系统总电源开
	电源关	按此按钮，系统总电源关
	数据保护	按此按钮可以切换允许/禁止程序执行
	急停按钮	按下急停按钮，使机床移动立即停止，并且所有的输出如主轴的转动等都会关闭
手轮	手轮	按此按钮可以显示或隐藏手轮
主轴控制	主轴停止	控制主轴停止转动
	主轴正转	控制主轴正转
	主轴反转	控制主轴反转
	主轴点动	主轴点动
冷却		冷却液开关
手动选刀	手动选刀	按此按钮，可以旋转刀架至所需刀具

续表

按　钮	名　称	功能说明
	循环启动	程序运行开始，系统处于“自动运行”或“MDI”位置时按下有效，其余模式下使用无效
	进给保持	在程序运行过程中，按下此按钮程序运行暂停。按“循环启动”恢复运行
	X负方向按钮	手动方式下，点击该按钮主轴向X轴负方向移动
	X正方向按钮	手动方式下，点击该按钮主轴向X轴正方向移动
	Z负方向按钮	手动方式下，点击该按钮主轴向Z轴负方向移动
	Z正方向按钮	手动方式下，点击该按钮主轴向Z轴正方向移动
	快速移动按钮	点击该按钮系统进入手动快速移动模式
	手轮	将光标移至此旋钮上后，通过点击鼠标的左键或右键来转动手轮
	进给倍率	调节主轴运行时的进给速度倍率
	主轴倍率	通过此旋钮可以调节主轴转速倍率

四、项目实施

1. 数控车床的开、关机操作

操作数控车床时首先应该进行正确的开、关机操作，在数控车床上电之前，要进行相应的检查工作，通电之后，也要观察屏幕显示情况及各表读数是否正常。

(1) 电源接通前的检查　在数控车床电源开关接通之前，操作者必须做好下面的检查工作。

① 检查机床上各门（防护门、强电箱等）是否关闭。

② 检查液压油箱及润滑装置上油标的液面位置是否符合要求。

③ 检查切削液的液面是否高于泵吸入口位置。

④ 检查液压卡盘的卡持方向是否正确。

(2) 系统通电

① 打开位于数控车床后面电控柜上的主电源开关，应听到电控柜风扇和主轴电机风扇开始工作的声音。

② 按下数控车床操作面板上的“数控系统电源接通”按钮接通电源，几秒钟后CRT显示器出现初始画面。

③ 顺时针方向松开“紧急停止”按钮。

④ 绿灯亮后，数控车床液压泵已启动，车床进入准备状态。

(3) 电源接通后的检查

① 按下CNC装置电源启动键，在CRT显示器上应出现机床的初始位置坐标。

② 检查安装在车床上部的总压力表，如果系统压力正常，则准备完毕。

(4) 关机

① 检查操作面板上的“循环启动”按钮应在停止状态。

② 检查数控车床的所有可移动部件都处于停止状态。

③ 外部输入、输出设备已连接到数控车床，则关闭外部输入、输出设备。

④ 按下“POWER OFF”(电源关闭) 按钮。

⑤ 关闭位于数控车床后面电控柜上的主电源开关。

2. 数控车床的手动返回参考点操作

当数控车床采用增量式反馈元件时，一旦车床断电，数控系统就失去了对参考点坐标的记忆，所以当再次接通数控系统电源时，必须进行返回参考点的操作。另外，当数控车床操作过程中遇到急停信号或超程报警信号时，等故障排除后车床恢复工作时，也要求进行返回参考点的操作。

手动返回参考点的具体操作步骤如下。

① 按下“回参考点”开关。

② 按下与返回参考点相应的进给轴和方向选择开关，即“＋X”、“＋Z”按钮，则相应的坐标轴便进行返回参考点运动直至返回参考点，此时指示灯亮。

在返回参考点的过程中应注意以下几点。

① 当进给滑板上的挡块离参考点开关触头的距离不足30mm时，应首先用JOG(手动控制方式) 按钮使进给滑板向离开参考点的方向移动，使其超过30mm。

② 在进给滑板移动过程中手应一直按着按钮，直到减速时。在两坐标轴参考点附近，滑板会自动减速。

③ 返回参考点时，一般要按照先“＋X”后“＋Z”的顺序，以防撞车。

3. 数控车床的手动连续进给操作

手动连续进给操作是为了装刀及手动操作时，使刀具能够快速接近或离开工件，其操作步骤如下。

① 按下手动连续进给选择开关。

② 按下进给轴和方向选择开关，则数控车床沿相应轴的相应方向移动。在开关被按下期间，数控车床按参数设定的进给速度移动，开关一旦释放，则车床停止运动。

③ 手动连续进给速度可由进给倍率开关调整。

④ 若在按下进给轴和方向选择开关期间按下快速移动按钮，则机床按快速移动速度运动。

4. 数控车床手轮进给操作

手轮进给操作用于调整刀具，确定刀尖位置或试切削工件时，一边微调进给，一边观察切削情况。

在手轮方式下，可通过数控车床操作面板上的手摇脉冲发生器来控制机床坐标轴连续不断地移动。当手摇脉冲发生器旋转一个刻度时，刀具移动的最小距离等于输入增量，其操作步骤如下。

① 把工作模式选择为“手轮”方式。

② 按手轮进给轴选择按钮，选择机床要移动的一个坐标轴。

③ 按手轮倍率选择开关，选择机床移动的倍率，当手摇脉冲发生器转过一个刻度时，机床移动的最小距离等于输入增量。

④ 旋转手轮，车床沿选择轴移动。手轮旋转一周，车床移动的距离相当于 100 个刻度的距离。

5. 对刀

数控程序一般按工件坐标系编程，对刀的过程就是建立工件坐标系与机床坐标系之间关系的过程。一般将工件右端面中心点设为工件坐标系原点。常见的对刀方法有以下几种。

（1）试切法设置 G54～G59

① 切削外径：点击机床面板上的手动按钮[手动]，指示灯亮，系统进入手动操作模式。点击控制面板上的[↓]或[↑]，使机床在 X 轴方向移动；同样按[→]或[←]，使机床在 Z 轴方向移动。通过手动方式将机床移到如图 4-3 所示的大致位置。

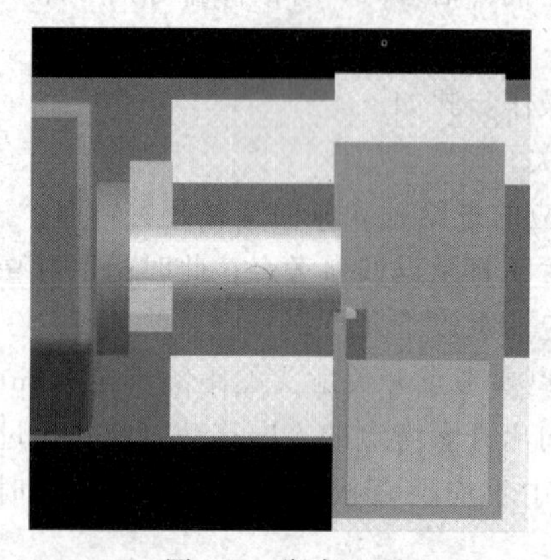

图 4-3 移动刀具

点击操作面板上的[主轴正转]或[主轴反转]按钮，使其指示灯变亮，主轴转动。再点击“Z 负轴方向”按钮[←]，用所选刀具来试切工件外圆，如图 4-4 所示。然后按[→]按钮，X 方向保持不动，刀具退出。

② 测量切削位置的直径：点击操作面板上的[主轴停止]按钮，使主轴停止转动，点击菜单“测量/剖面图测量”如图 4-5 所示，点击试切外圆时所切线段，选中的线段由红色变为黄色。记下下面对话框中对应的 X 的值（直径值）。

③ 按下控制箱键盘上的[OFFSET SETTING]键。

④ 把光标定位在需要设定的坐标系上。

⑤ 光标移到 X。

⑥ 输入直径值。

⑦ 按菜单软键［测量］，通过软键［操作］进入此菜单。

⑧ 切削端面：点击操作面板上的或按钮，使其指示灯变亮，主轴转动。将刀具移至如图 4-6 所示的位置，点击控制面板上的“X 轴负方向”按钮，切削工件端面。如图 4-7 所示。然后按“X 轴正方向”按钮，Z 方向保持不动，刀具退出。

⑨ 点击操作面板上的“主轴停止”按钮，使主轴停止转动。

⑩ 把光标定位在需要设定的坐标系上。

⑪ 在 MDI 键盘面板上按下需要设定的轴“Z”键。

⑫ 输入工件坐标系原点的距离（注意距离有正负号）。

⑬ 按菜单软键［测量］，自动计算出坐标值填入。

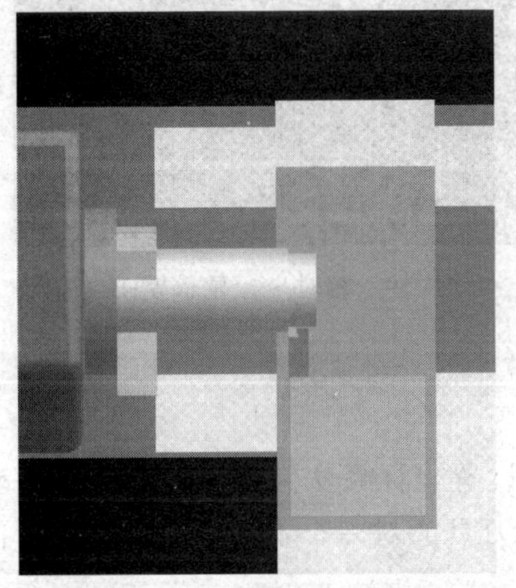

图 4-4　试切工件外圆

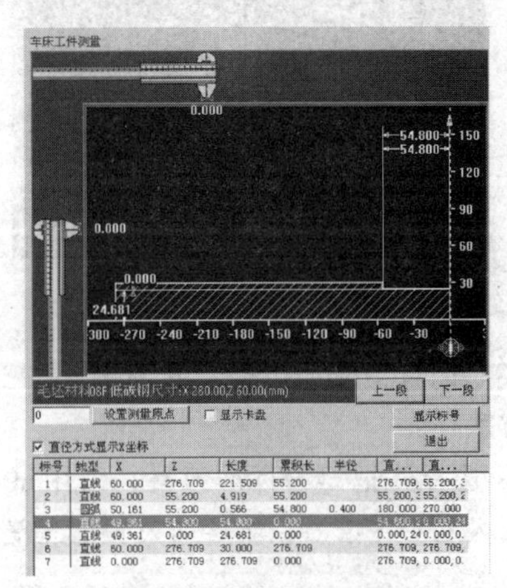

图 4-5　工件直径测量

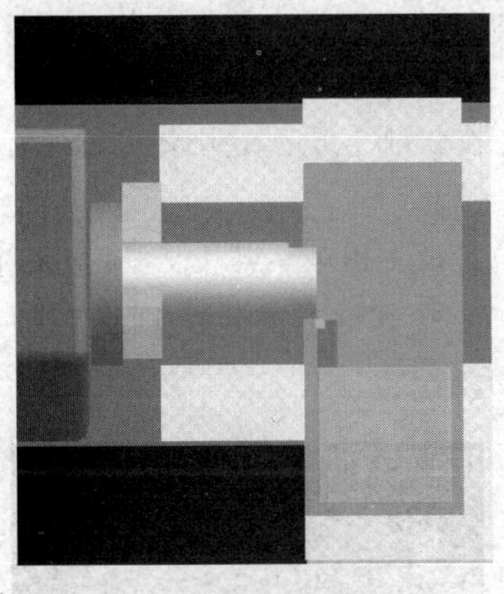

图 4-6　刀具定位切削端面

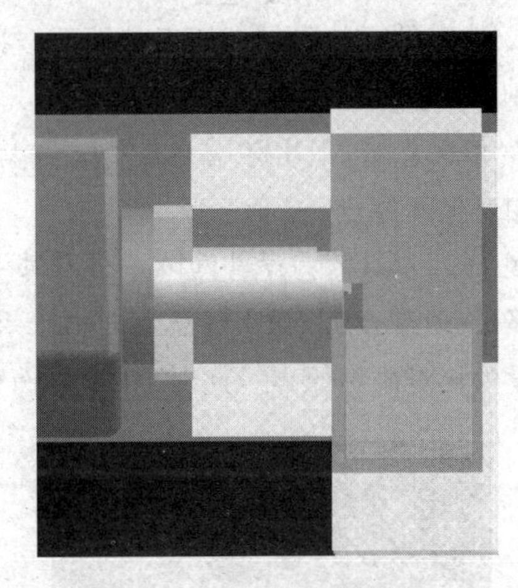

图 4-7　试切工件端面

（2）输入刀具偏移量

使用这个方法对刀，在程序中直接使用机床坐标系原点作为工件坐标系原点。

① 选刀具试切工件外圆，点击“主轴停止”按钮，使主轴停止转动，点击菜单“测量/剖面图测量”，得到试切后的工件直径，记为 α。

② X 轴方向不动，刀具退出。点击 MDI 键盘上的键，进入形状补偿参数设定界面，

将光标移到相应的位置，输入 Xα，按菜单软键［测量］输入，如图 4-8 所示。

③ 工件端面，读出端面在工件坐标系中 Z 的坐标值，记为 β（此处以工件端面中心点为工件坐标系原点，则 β 为 0）。

④ Z 轴方向不动，刀具退出。进入形状补偿参数设定界面，将光标移到相应的位置，输入 Zβ，按［测量］软键输入到指定区域，如图 4-8 所示。

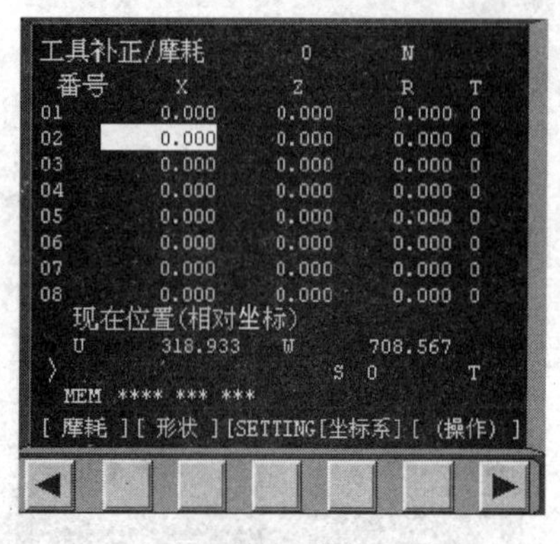

图 4-8 按软键［测量］

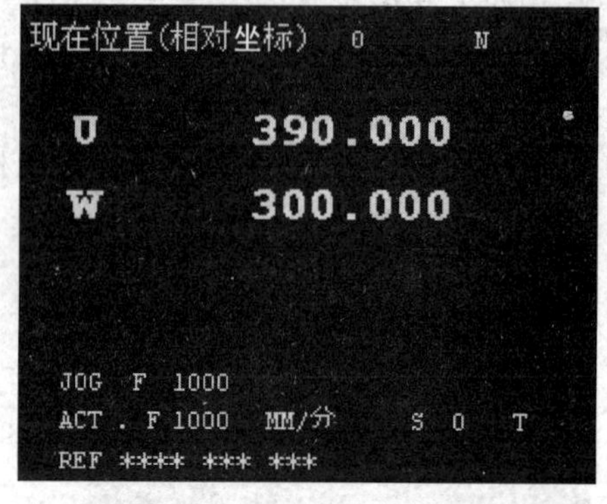

图 4-9 相对坐标显示界面

（3）偏置值完成多把刀具对刀

方法一：

① 选择一把刀为标准刀具，采用试切法或自动设置坐标系法完成对刀，把工件坐标系原点放入 G54～G59，然后通过设置偏置值完成其他刀具的对刀，下面介绍刀具偏置值的获取办法。

② 点击 MDI 键盘上 POS 键和［相对］软键，进入相对坐标显示界面，如图 4-9 所示。

③ 选定的标准刀具试切工件端面，将刀具当前的 Z 轴位置设为相对零点（设零前不得有 Z 轴位移）。

④ 依次点击 MDI 键盘上的 W_V、0 输入“W0”，按软键［预定］，则将 Z 轴当前坐标值设为相对坐标原点。

⑤ 标准刀具试切零件外圆，将刀具当前 X 轴的位置设为相对零点（设零前不得有 X 轴的位移）：依次点击 MDI 键盘上的 U_H、0 输入“U0”，按软键［预定］，则将 X 轴当前坐标值设为相对坐标原点，此时 CRT 界面如图 4-10 所示。

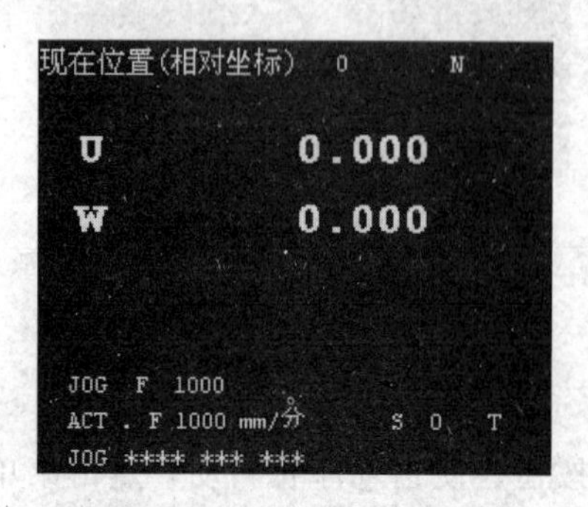

图 4-10 按软键［测量］

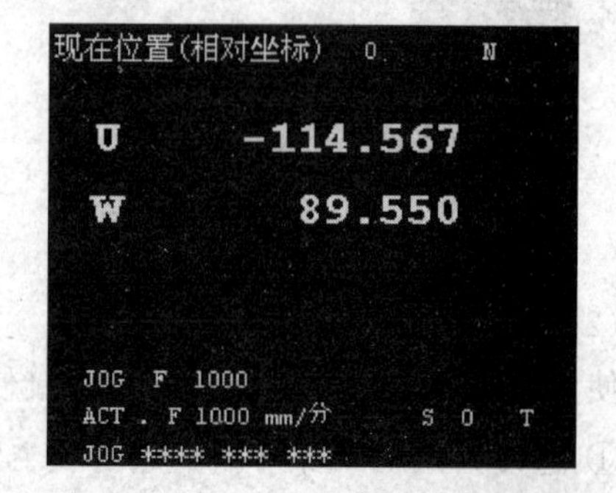

图 4-11 相对坐标显示界面

⑥ 换刀后，移动刀具使刀尖分别与标准刀具切削过的表面接触。接触时显示的相对值，

即为该刀相对于标准刀具的偏置值 ΔX、ΔZ（为保证刀具准确地移到工件的基准点上，可采用手动脉冲进给方式），此时 CRT 界面如图 4-11 所示，所显示的值即为偏置值。

⑦ 将偏置值输入到磨耗参数补偿表或形状参数补偿表内。

方法二：

分别对每一把刀测量、输入刀具偏移量。

6. 程序的输入与编辑

(1) 新建一个 NC 程序　点击操作面板上的编辑键[编辑]，编辑状态指示灯变亮，此时已进入编辑状态。点击 MDI 键盘上的[PROG]，CRT 界面转入编辑页面。利用 MDI 键盘输入"Ox"（x 为程序号，不能与已有程序号重复）按[INSERT]键，CRT 界面上将显示一个空程序，可以通过 MDI 键盘开始程序输入。输入一段代码后，按[INSERT]键则数据输入域中的内容将显示在 CRT 界面上，用回车换行键[EOB E]结束一行的输入后换行。

(2) 程序的编辑

① 移动光标　按[↑PAGE]和[↓PAGE]用于翻页，按方位键[↑][↓][←][→]移动光标。

② 插入字符　先将光标移到所需位置，点击 MDI 键盘上的数字/字母键，将代码输入到输入域中，按[INSERT]键，把输入域的内容插入到光标所在代码后面。

③ 删除输入域中的数据　按[CAN]键用于删除输入域中的数据。

④ 删除字符　先将光标移到所需删除字符的位置，按[DELETE]键，删除光标所在位置的代码。

⑤ 查找　输入需要搜索的字母或代码，按[↓]开始在当前数控程序中光标所在位置后搜索（代码可以是一个完整的代码或一个字母，如"N0010"、"M"等）。如果此数控程序中有所搜索的代码，则光标停留在找到的代码处；如果此数控程序中光标所在位置后没有所搜索的代码，则光标停留在原处。

⑥ 替换　先将光标移到所需替换字符的位置，将替换成的字符通过 MDI 键盘输入到输入域中，按[ALTER]键，把输入域的内容替代光标所在处的代码。

项目二 阶梯轴的加工

一、项目描述

如图 4-12 所示，工件毛坯尺寸为 $\phi35\times60$，材料为 45 钢，试编写零件的加工程序并进行加工。

二、项目要求

1. 知识要求

① 加工阶段划分的目的及各加工阶段的任务。

② 使用 G00、G01 指令加工阶梯轴的编程方法。

③ 外圆加工路线的确定。

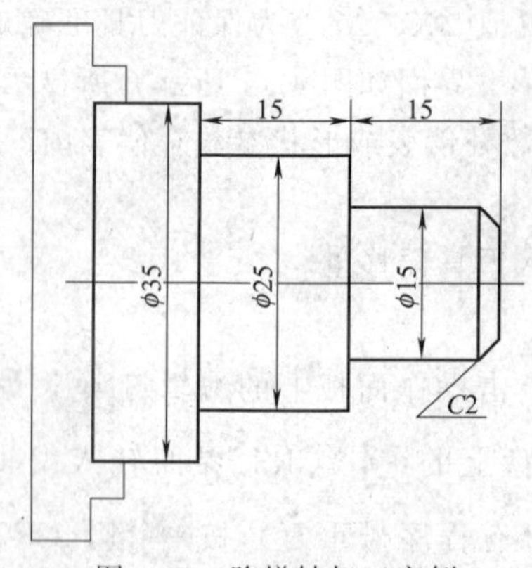

图 4-12 阶梯轴加工实例

2. 能力要求

① 工件、刀具的选择与安装。

② 阶梯轴的加工。

③ 数控机床的操作。

④ 游标卡尺的使用。

三、项目指导

1. 加工阶段的划分

在机械零件的加工过程中，当零件的加工质量要求较高时，应把整个加工过程划分为几个加工阶段。一般来说可以分为粗加工、半精加工、精加工三个阶段。有时在精加工之后还有专门的光整加工。

(1) 四个阶段

① 粗加工阶段 任务是切除毛坯上大部分多余的金属材料，使毛坯在形状和尺寸上接近零件的成品。因此，这个阶段的主要问题是如何提高生产效率。

② 半精加工阶段 任务是使主要表面达到一定的加工精度，留出一定的精加工余量，为主要表面的精加工（如精车、精磨）做好准备，并可完成一些次要表面的加工，如扩孔、攻螺纹、铣键槽等。半精加工一般安排在热处理之前进行。

③ 精加工阶段 任务是保证主要表面达到零件图样规定的尺寸精度和表面质量要求，在这个阶段，各表面的加工余量都较小，主要考虑的问题是获得较高的加工精度和表面质量。

④ 光整加工阶段 当零件的加工精度值很高（尺寸精度在 IT6 以上）和表面粗糙度值很小（$Ra<0.2\mu m$）时，在精加工之后还要进行光整加工，这个阶段的主要任务是提高尺寸精度、减小表面粗糙度，但一般不用来提高位置精度。

(2) 划分加工阶段的目的

① 有利于保证产品质量 零件按照加工阶段进行加工，有利于消除或减少变形对加工精度的影响。在粗加工时切除的金属层较厚，切削力大，切削温度高，所需的夹紧力大，因而工件会产生较大的弹性变形。如果不划分加工阶段，粗、精加工混在一起，就无法避免上述原因引起的加工误差。按加工阶段加工，粗加工引起的误差可以通过半精加工、精加工来纠正，从而保证零件的加工质量。

② 有利于合理使用设备　粗加工要求功率大、刚性好、生产效率高、精度要求不高的机床，精加工则要求精度高的机床。划分加工阶段可以发挥加工设备各自的特点，既提高了生产效率，又能延长精密设备的使用寿命。

③ 便于及时发现毛坯缺陷　毛坯的各种缺陷如气孔、砂眼和加工余量不足等，在粗加工时即可发现，便于及时修补或决定报废，以免继续使用造成浪费。

④ 便于热处理工序的安排　如粗加工后一般要安排去应力热处理，以消除内应力。精加工前要安排淬火等最终热处理，其变形可以通过精加工消除。

2. 编程指令

(1) 快速点定位指令 G00

格式：

G00　X(U)__　Z(W)__；

该指令控制刀具以系统设定的速度按点位控制方式从刀具所在点快速运动到下一个目标点。其中，X、Z 为刀具所要到达目标点的绝对坐标值；U、W 为刀具所要到达目标点相对于当前所在点的相对坐标值或增量坐标值。

该指令只实现快速定位，无运动轨迹要求，不能用于零件的切削加工，一般用于加工前的快速定位与加工后的快速退刀。

如图 4-13 所示，若刀具位于起始点 A，现要求刀具快速从 A 点移动到 B 点，编程如下。

绝对值编程：

G00 X60.0 Z100.0；

增量值编程：

G00 U40.0 W80.0；

说明：

① 该指令的移动速度不能用程序指令设定，而是由生产厂家预先设置的，其速度可通过控制面板上的进给修调旋钮修正。

② 刀具的实际运动路线有时不是直线，而是折线，使用时注意刀具是否与工件干涉。

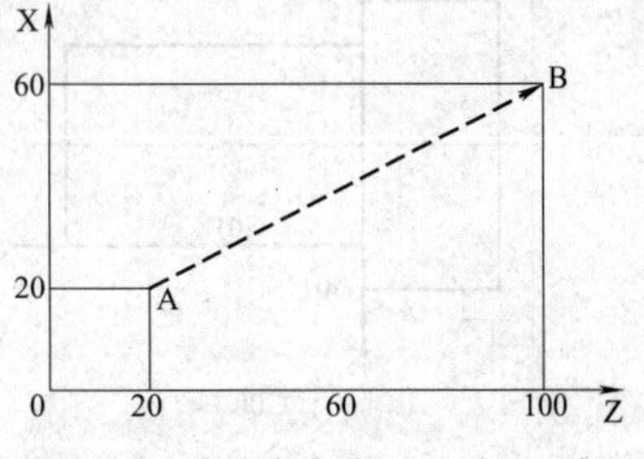

图 4-13　快速点定位 G00 编程示例

(2) 直线插补指令 G01

格式：

G01　X(U)__　Z(W)__　F__；

该指令控制刀具以给定的进给速度，从刀具当前所在点沿直线运动到目标点位置。其中，X、Z 为刀具所要到达目标点的绝对坐标值；U、W 为刀具所要到达目标点相对于当前所在点的相对坐标值或增量坐标值。F 表示进给速度，G98 下为每分钟进给量（mm/min），G99 下为每转进给量（mm/r）。

如图 4-14 所示，刀具从起刀点 A 沿直线移动至加工起点 B，然后沿直线轨迹车削工件外圆至终点 C，其编程指令如下。

绝对值编程：

G01　X42.0　Z3.0　F0.2；　　A→B

G01　X42.0　Z−20.0　F0.2；　　B→C

增量值编程：

G01　U－8.0　W0.0　F0.2；　　　A→B

G01　U0.0　W－23.0　F0.2；　　　B→C

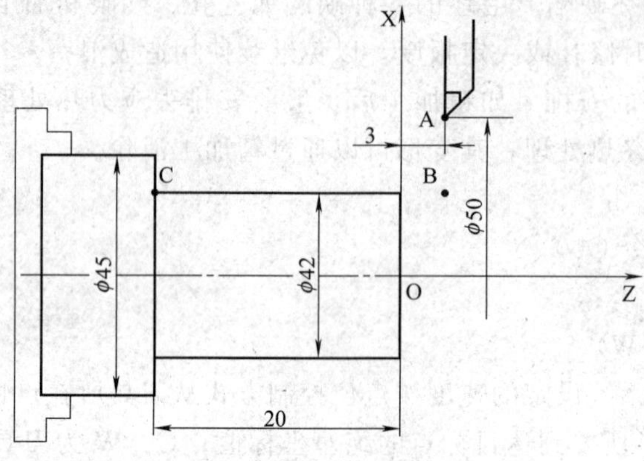

图 4-14　直线插补 G01 编程示例

3. 车削外圆的加工路线

在数控加工中，刀具相对于工件的运动轨迹和方向称为加工路线（又称进给路线），即刀具从起刀点开始运动，直至加工结束所经过的路径，包括切削加工的路径及刀具引入、返回等非切削空行程。加工路线的确定首先必须保证被加工零件的尺寸精度和表面质量，其次考虑数值计算简单、进给路线短、效率高等。

车削外圆时，如果切削的余量较小，可按图 4-15（a）所示的加工路线车削外圆。如果切削的余量较大，可按图 4-15（b）所示的加工路线进行加工。

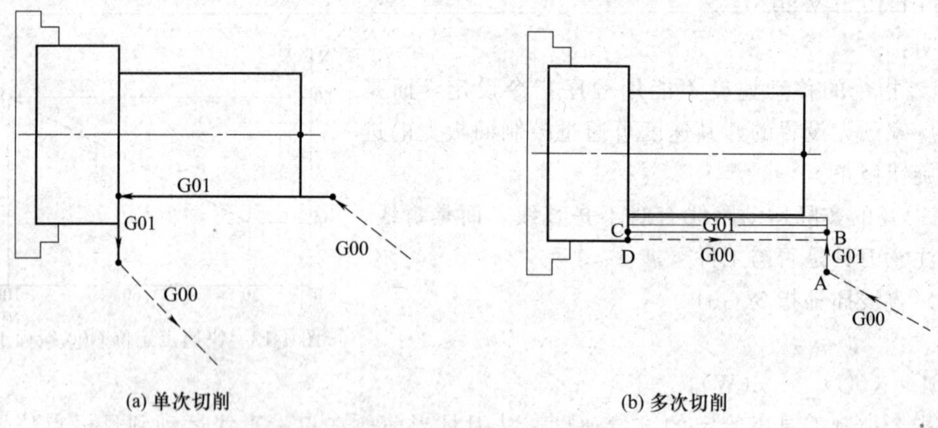

(a) 单次切削　　(b) 多次切削

图 4-15　外圆车削的加工路线

4. 游标卡尺的使用

游标卡尺是一种常用的量具，具有结构简单、使用方便、精度中等和测量的尺寸范围大等特点，可以用它来测量零件的外径、内径、长度、宽度、厚度、深度和孔距等，应用范围很广。

（1）游标卡尺的结构　如图 4-16 所示，游标卡尺主要由下列几部分组成。

① 具有固定量爪的尺身　尺身上有类似钢尺一样的主尺刻度，主尺上的刻线间距为 1mm。主尺的长度决定于游标卡尺的测量范围。

② 具有活动量爪的尺框　尺框上有游标，卡尺的游标读数值可制成 0.1mm、0.05mm

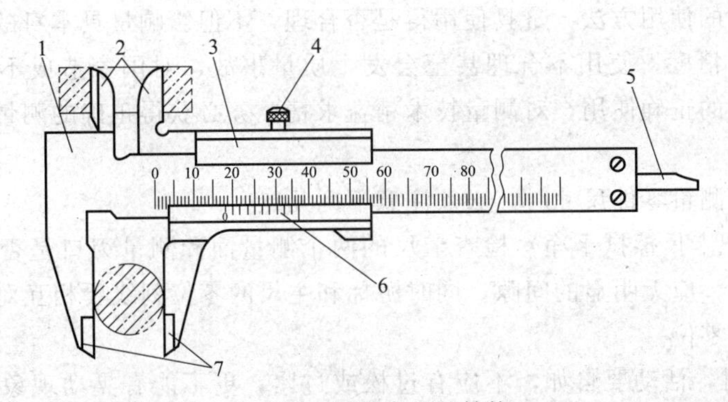

图 4-16 游标卡尺的结构

1—尺身；2—上量爪；3—尺框；4—紧固螺钉；5—深度尺；6—游标；7—下量爪

和 0.02mm 三种。游标读数值就是指使用这种游标卡尺测量零件尺寸时，卡尺上能够读出的最小数值。

③ 深度尺 深度尺固定在尺框的背面，能随着尺框在尺身的导向凹槽中移动。测量深度时，应把尺身尾部的端面紧靠在零件的测量基准平面上。

(2) 游标卡尺的读数原理和读数方法 游标卡尺的读数机构，是由主尺和游标两部分组成。当活动量爪与固定量爪贴合时，游标上的“0”刻线（简称游标零线）对准主尺上的“0”刻线，此时量爪间的距离为“0”。当尺框向右移动到某一位置时，固定量爪与活动量爪之间的距离，就是零件的测量尺寸。此时零件尺寸的整数部分，可在游标零线左边的主尺刻线上读出来，而比 1mm 小的小数部分，可借助游标读数机构来读出。

现以游标读数值为 0.02mm 的游标卡尺为例加以说明。

如图 4-17 所示，主尺每小格 1mm，当两爪合并时，游标上的 50 格刚好等于主尺上的 49mm，则游标每格间距＝49/50＝0.98mm。主尺每格间距与游标每格间距相差＝1－0.98＝0.02mm，0.02mm 即为此种游标卡尺的最小读数值。

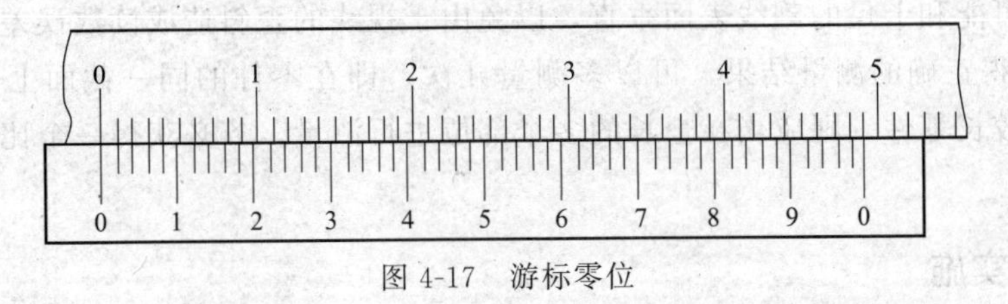

图 4-17 游标零位

在图 4-18 中，游标零线在 123mm 与 124mm 之间，游标上的 11 格刻线与主尺刻线对准。所以，被测尺寸的整数部分为 123mm，小数部分为 11×0.02＝0.22mm，被测尺寸为 123＋0.22＝123.22mm。

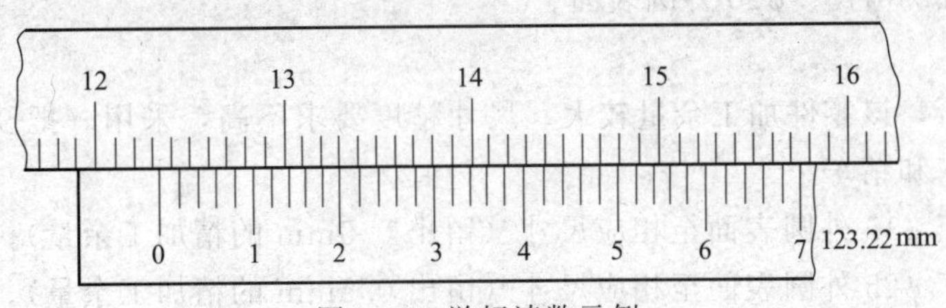

图 4-18 游标读数示例

（3）游标卡尺的使用方法　量具使用得是否合理，不但影响量具本身的精度，且直接影响零件尺寸的测量精度，使用不合理甚至会发生质量事故，对国家造成不必要的损失。所以，必须重视量具的正确使用，对测量技术精益求精，务必获得正确的测量结果，确保产品质量。

使用游标卡尺测量零件尺寸时，必须注意下列几点。

① 测量前应把卡尺擦拭干净，检查卡尺的两个测量面和测量刃口是否平直无损，把两个量爪紧密贴合时，应无明显的间隙，同时游标和主尺的零位刻线要相互对准。这个过程称为校对游标卡尺的零位。

② 移动尺框时，活动要自如，不应有过松或过紧，更不能有晃动现象。用固定螺钉固定尺框时，卡尺的读数不应有所改变。在移动尺框时，不要忘记松开固定螺钉，也不宜过松。

③ 当测量零件的外尺寸时，卡尺两测量面的连线应垂直于被测量表面，不能歪斜。测量时，先把卡尺的活动量爪张开，使量爪能自由地卡进工件，把零件贴靠在固定量爪上，然后移动尺框，用轻微的压力使活动量爪接触零件。如卡尺带有微动装置，此时可拧紧微动装置上的固定螺钉，再转动调节螺母，使量爪接触零件并读取尺寸。绝不可把卡尺的两个量爪调节到接近甚至小于所测尺寸，把卡尺强行卡到零件上去。这样做会使量爪变形，或使测量面过早磨损，使卡尺失去应有的精度。

④ 当测量零件的内尺寸时，要使量爪分开的距离小于所测内尺寸，进入零件内孔后，再慢慢张开并轻轻接触零件内表面，用固定螺钉固定尺框后，轻轻取出卡尺来读数。取出量爪时，用力要均匀，并使卡尺沿着孔的中心线方向滑出，不可歪斜，免使量爪扭伤、变形和受到不必要的磨损，否则会使尺框移动，影响测量精度。

⑤ 用游标卡尺测量零件时，不允许过分地施加压力，所用压力应使两个量爪刚好接触零件表面。如果测量压力过大，不但会使量爪弯曲或磨损，且量爪在压力作用下产生弹性变形，使测量的尺寸不准确。在游标卡尺上读数时，应保持卡尺水平，朝着光线足够的方向，使人的视线尽可能和卡尺的刻线表面垂直，以免由于视线的歪斜造成读数误差。

⑥ 为了获得正确的测量结果，可以多测量几次。即在零件的同一截面上的不同方向进行测量。对于较长零件，则应当在全长的多个部位进行测量，务必获得一个比较正确的测量结果。

四、项目实施

任务一　工艺分析

1. 零件图样分析

如图 4-12 所示，零件毛坯尺寸为 $\phi35\times60$，材料为 45 钢，尺寸公差、表面粗糙度未注明，主要加工表面为 $\phi15$、$\phi25$ 外圆表面。

2. 工艺分析

根据图样分析，该零件加工余量较大，尺寸精度要求不高，采用一把 90°外圆车刀完成外圆、倒角的粗车和精车。

工步 1 为粗车 $\phi15$ 外圆表面至相应尺寸（留出 0.5mm 的精加工余量）。

工步 2 为粗车 $\phi25$ 外圆表面至相应尺寸（留出 0.5mm 的精加工余量）。

工步 3 为倒角，精车 $\phi15$、$\phi25$ 外圆表面至尺寸要求。

3. 加工路线

粗加工时采用分层切削方式沿外圆表面进行，精加工时进给路线基本沿零件轮廓顺序进行。

4. 工件装夹

根据毛坯形状，采用三爪自定心卡盘进行装夹。

5. 刀具的选择

采用90°外圆车刀完成零件的粗加工与精加工。

6. 切削用量选择

从加工的安全因素考虑，选用较小的切削用量。

粗加工：n=600r/min，f=0.2mm/r，a_p=1.5mm（半径值）。

精加工：n=1000r/min，f=0.1mm/r，a_p=0.5mm（半径值）。

任务二　程序编制

1. 工件坐标系的确定

为计算方便，工件坐标系原点设定在工件端面与轴线的交点处。采用试切法进行对刀，确定工件坐标系原点O。

2. 编程点坐标的确定

根据图4-19所示，可直接计算出各基点（构成零件轮廓的不同几何素线的交点或切点）的坐标B（11，0）、C（15，－2）、D（15，－15）、E（25，－15）、F（25，－30）、G（40，－30）。

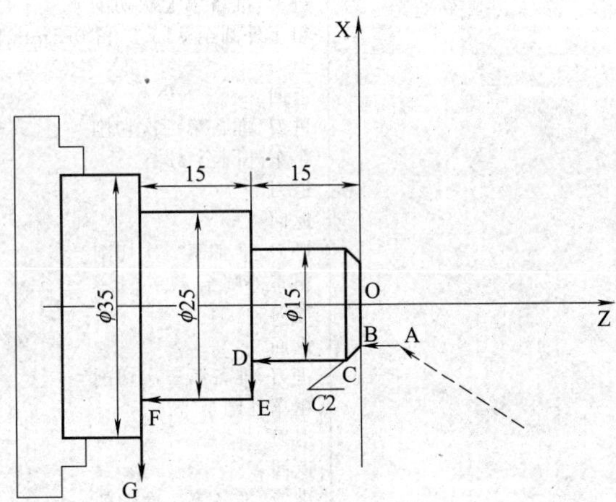

图4-19　精加工路线

3. 编写加工程序

该零件采用FANUC数控系统的指令与规则编写加工程序，具体见表4-3。

表4-3　参考程序

程　　序	说　　明
O2001；	程序名
G54 G40 G99；	程序初始化
T0101；	选1号刀
S600 M03；	主轴正转，转速600r/min
G00 X100.0 Z100.0；	定位至换刀点
G00 X40.0 Z5.0；	刀具靠近工件

续表

程　序	说　明
G00 X32.0 Z5.0;	进刀,准备第一次切削
G01 X32.0 Z−15.0 F0.2;	粗车外圆至 ϕ32
G01 X40.0 Z−15.0 F0.2;	退刀
G00 X40.0 Z5.0;	返回
G00 X29.0 Z5.0;	进刀,准备第二次切削
G01 X29.0 Z−15.0 F0.2;	粗车外圆至 ϕ29
G01 X40.0 Z−15.0 F0.2;	退刀
G00 X40.0 Z5.0;	返回
G00 X26.0 Z5.0;	进刀,准备第三次切削
G01 X26.0 Z−15.0 F0.2;	粗车外圆至 ϕ26
G01 X40.0 Z−15.0 F0.2;	退刀
G00 X40.0 Z5.0;	返回
G00 X23.0 Z5.0;	进刀,准备第四次切削
G01 X23.0 Z−15.0 F0.2;	粗车外圆至 ϕ23
G01 X40.0 Z−15.0 F0.2;	退刀
G00 X40.0 Z5.0;	返回
G00 X20.0 Z5.0;	进刀,准备第五次切削
G01 X20.0 Z−15.0 F0.2;	粗车外圆至 ϕ20
G01 X40.0 Z−15.0 F0.2;	退刀
G00 X40.0 Z5.0;	返回
G00 X17.0 Z5.0;	进刀,准备第六次切削
G01 X17.0 Z−15.0 F0.2;	粗车外圆至 ϕ17
G01 X40.0 Z−15.0 F0.2;	退刀
G00 X40.0 Z5.0;	返回
G00 X15.5 Z5.0;	进刀,准备第七次切削
G01 X15.5 Z−15.0 F0.2;	粗车外圆至 ϕ15.5,留 0.5mm 精加工余量
G01 X40.0 Z−15.0 F0.2;	退刀
G00 X40.0 Z−10.0;	返回
G00 X32.0 Z−10.0;	进刀,准备第一次切削
G01 X32.0 Z−30.0 F0.2;	粗车外圆至 ϕ32
G01 X40.0 Z−30.0 F0.2;	退刀
G00 X40.0 Z−10.0;	返回
G00 X29.0 Z−10.0;	进刀,准备第二次切削
G01 X29.0 Z−30.0 F0.2;	粗车外圆至 ϕ29
G01 X40.0 Z−30.0 F0.2;	退刀
G00 X40.0 Z−10.0;	返回
G00 X26.0 Z−10.0;	进刀,准备第三次切削
G01 X26.0 Z−30.0 F0.2;	粗车外圆至 ϕ26
G01 X40.0 Z−30.0 F0.2;	退刀
G00 X40.0 Z−10.0;	返回
G00 X25.5 Z−10.0;	进刀,准备第四次切削
G01 X25.5 Z−30.0 F0.2;	粗车外圆至 ϕ25.5,留 0.5mm 精加工余量
G01 X40.0 Z−30.0 F0.2;	退刀
G00 X40.0 Z5.0;	返回
M05;	主轴停
S1000 M03;	主轴正转,转速 1000r/min
G00 X11.0 X5.0;	刀具靠近工件
G01 X11.0 Z0.0 F0.1;	移动至倒角起点
G01 X15.0 Z−2.0 F0.1;	倒角
G01 X15.0 Z−15.0 F0.1;	精车 ϕ15
G01 X25.0 Z−15.0 F0.1;	精车台阶
G01 X25.0 Z−30.0 F0.1;	精车 ϕ25
G01 X40.0 Z−30.0 F0.1;	退刀
G00 X100.0 Z100.0;	返回至换刀点
M05;	主轴停
M30;	程序结束

任务三　机 床 操 作

1. 加工准备

① 阅读零件图样，检查坯料尺寸。

② 开机，机床回零操作。

③ 输入程序并检查程序正确性。

④ 装夹工件。夹毛坯外圆，伸出卡盘 45mm。

⑤ 准备刀具。将 90°外圆车刀安装在 1 号刀位上。

2. 对刀，设定工件坐标系

(1) X 方向对刀　试切工件外圆表面，沿 Z 轴正方向退出，测量外圆表面直径，并将直径值输入系统相应位置。

(2) Z 方向对刀　车工件右端面，沿 X 轴正方向退出，将“Z0”输入系统相应位置。

3. 程序校验

利用数控机床图形显示功能进行校验，也可采用数控加工仿真软件进行。在数控编程中，程序校验推荐采用数控仿真软件进行。

4. 自动加工

启动程序进行自动加工，并根据加工情况使用主轴、进给速度倍率开关适当调整切削速度、进给速度。

5. 尺寸测量

自动加工结束后，按图样要求对工件进行检测，并进行误差及质量分析。

6. 结束加工

松开夹具，卸下工件，清理机床，关闭数控系统电源，关闭机床总电源。

任务四　质 量 检 测

具体见表 4-4。

表 4-4　评分表

项目比重	序号	技术要求	配分	评分标准	检测记录	得分
工艺与程序（25 分）	1	程序格式规范	5	不规范每处扣 2 分		
	2	程序正确完整	10	每错一处扣 5 分		
	3	工艺过程规范、合理	5	不合理每处扣 5 分		
	4	切削用量合理	5	不合理每处扣 5 分		
机床操作（20 分）	5	工件、刀具选择安装正确	5	不正确每处扣 5 分		
	6	对刀及坐标系设定正确	5	不正确每处扣 2 分		
	7	机床操作规范	5	不规范每处扣 2 分		
	8	工件加工不出错	5	出错全扣		
工件质量（15 分）	9	尺寸精度符合要求	10	不合格每处扣 2 分		
	10	表面粗糙度符合要求	5	不合格每处扣 2 分		
文明生产（20 分）	11	安全操作	10	出错全扣		
	12	机床维护与保养	5	不合格全扣		
	13	工作场所整理	5	不合格全扣		
相关知识及职业能力（20 分）	14	数控加工知识	10	提问		
	15	表达沟通能力	10	根据学生的实际情况酌情给 0～10 分		
		合作能力				
		创新能力				

项目三 圆锥面的加工

一、项目描述

如图 4-20 所示，工件毛坯尺寸为 $\phi35\times60$，材料为 45 钢，试编写零件的加工程序并进行加工。

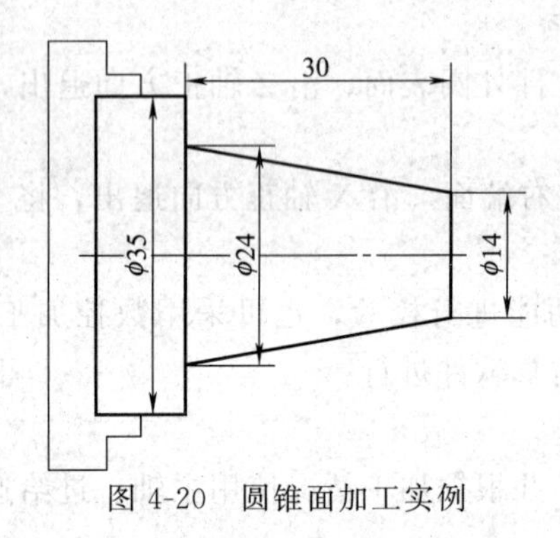

图 4-20 圆锥面加工实例

二、项目要求

1. 知识要求

① 数控加工内容与步骤。

② 单一循环指令 G90 的格式与编程方法。

③ 圆锥面加工路线的确定。

2. 能力要求

① 工件、刀具的选择与安装。

② 圆锥面的数控加工。

③ 圆锥面的检测。

三、项目指导

1. 数控加工内容及步骤

数控加工是指利用数控机床进行自动加工零件的一种工艺方法，其实质是数控机床对编制的数控加工程序进行处理并控制加工过程，自动完成零件的加工。

一般来说，数控加工流程如图 4-21 所示，主要包括以下几方面的内容。

(1) 分析零件图样，确定加工方案 分析零件图样，明确加工内容、技术要求，选择合适的加工方案及数控加工机床。

(2) 工件的定位与装夹 根据零件的加工要求，选择合理的定位基准，并根据零件的批量、精度及加工成本选择合适的夹具，完成工件的装夹与找正。

(3) 刀具的选择与安装 根据零件的加工工艺性与结构工艺性，选择合适的刀具材料与刀具种类，并完成刀具的安装与对刀，将所得参数设定在数控系统中。

(4) 编制数控加工程序 根据零件的加工要求，对零件进行编程，并经初步校验后将程序输入数控系统。

(5) 试切削、试运行并校验　对所输入的程序进行试运行，并进行首件的试切削。试切削的主要目的是用来校验工件的加工精度及编程的正确性。根据试切削的结果，修改或调整加工程序或刀具补偿值。

(6) 数控加工　当试切的首件工件合格并确认加工程序正确无误后，便可进入数控加工阶段。

(7) 工件的验收与质量误差分析　工件入库前，先进行工件的检验，并通过质量分析，找出误差产生的原因，并进行纠正。

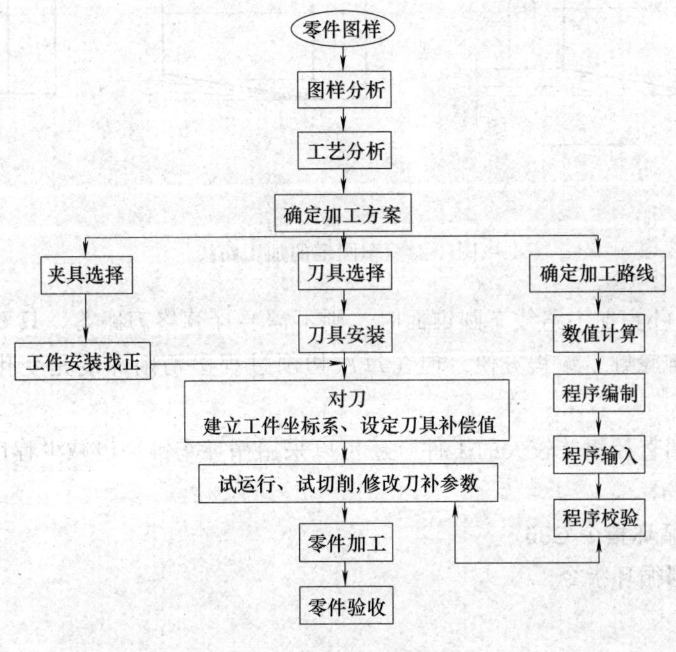

图 4-21　数控加工流程

2. 车圆锥的加工路线分析

(1) 圆锥参数　圆锥面是车削加工中常见的形式之一，常用的圆锥参数有：圆锥大端直径 D、圆锥小端直径 d、圆锥长度 L、锥度 C 和圆锥半角 $\alpha/2$，如图 4-22 所示。它们之间的关系为

$$\tan\frac{\alpha}{2}=\frac{D-d}{2L} \qquad C=\frac{D-d}{L}$$

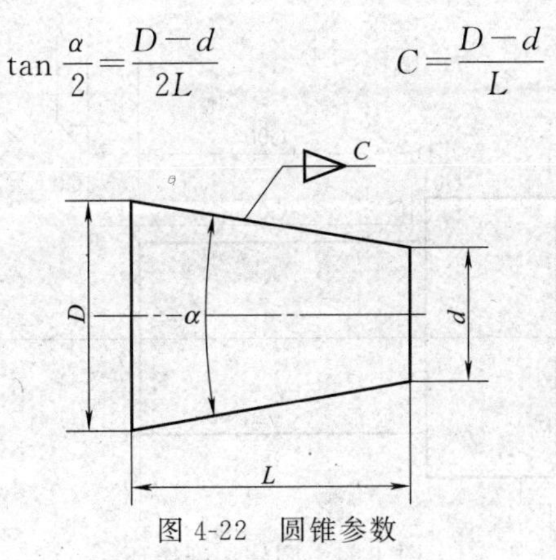

图 4-22　圆锥参数

（2）车圆锥的加工路线　图 4-23 所示为车圆锥的三种加工路线。当按图 4-23（a）车圆锥时，需要计算终刀距 S。假设圆锥大径为 D，圆锥小径为 d，圆锥长度为 L，切削深度为 a_p，则由相似三角形可得

$$\frac{D-d}{2L}=\frac{a_p}{S}$$

即 $S=2La_p/(D-d)$，按此种加工路线加工圆锥面，刀具切削运动的距离较短。

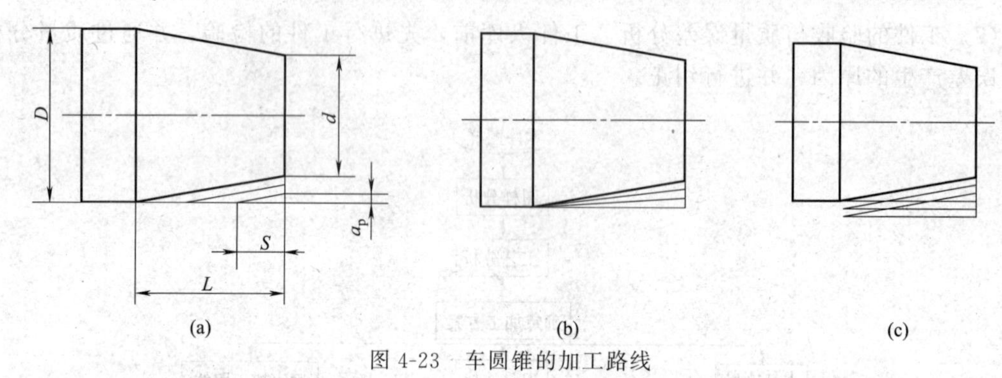

图 4-23　车圆锥的加工路线

当按图 4-23（b）加工路线车圆锥面时，则不需要计算终刀距 S，只要确定了切削深度 a_p，即可车出圆锥轮廓，编程方便。但在每次切削过程中切削深度是变化的，且刀具切削运动的路线较长。

对于大、小端直径相差较大的工件，还可以采用循环车锥法以减少程序段，其加工路线如图 4-23（c）所示。

3. 轴向切削循环指令 G90

（1）圆柱切削循环指令

格式：

G90　X（U）＿ Z（W）＿ F＿；

其中 X、Z 为切削终点的绝对坐标值；U、W 为切削终点相对于循环起点的增量坐标值；F 为进给速度或进给量。其刀具路径如图 4-24 所示。

当刀具在 A 点（循环起点）定位后，执行 G90 循环指令，则刀具由 A 点快速定位至 B 点，再以指定的进给速度切削到 C 点（切削终点），再车削到 D 点，最后以快速定位方式返回到 A 点完成一次循环切削。

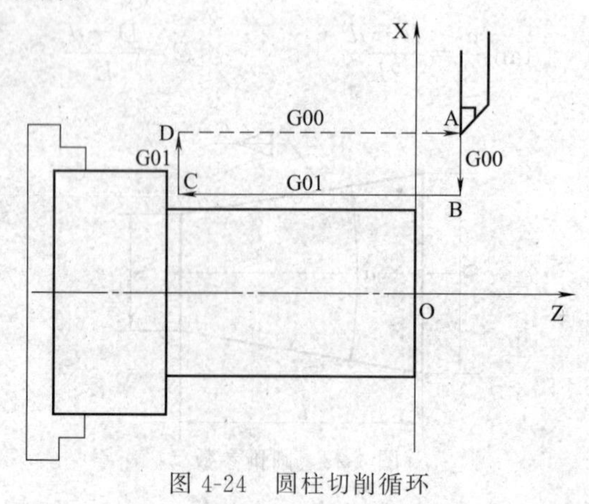

图 4-24　圆柱切削循环

如图 4-25 所示零件，毛坯棒料尺寸为 ϕ45×60，零件的加工程序编写如下：

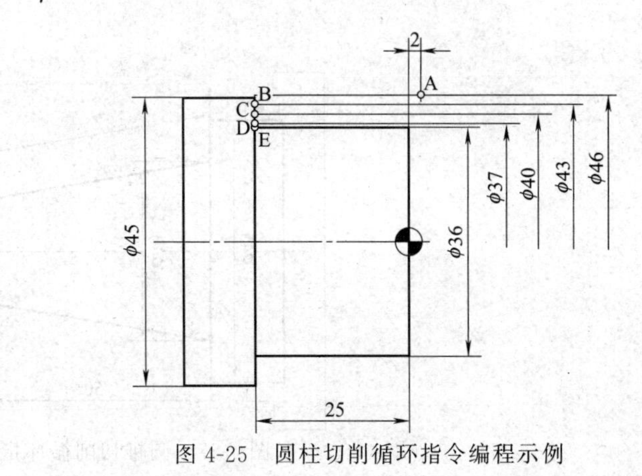

图 4-25　圆柱切削循环指令编程示例

```
O3001;
G54 G40 G99;
T0101;
S600 M03;
G00 X46.0 Z2.0;
G90 X43.0 Z-25.0 F0.2;
X40.0;
X37.0;
X36.0 S800 F0.1;
G00 X100.0 Z100.0;
M05;
M30;
```

说明：

① 选择的循环起点应在毛坯外加工表面与端面的交点附近，循环起点离毛坯太远会增加走刀路线，影响加工效率。

② 注意根据粗、精加工的不同加工状态改变切削用量。

（2）圆锥切削循环指令

格式：

G90　X（U）__　Z（W）__　R__　F__；

其中 X、Z 为切削终点的绝对坐标值；U、W 为切削终点相对于循环起点的增量坐标值；R 为切削起点与切削终点的半径差值，其符号为差的符号（无论是绝对编程还是增量编程）；F 为进给速度或进给量。其刀具路径如图 4-26 所示。

循环起点为 A 点，刀具首先定位至循环起点 A，然后从 A 点进刀至指定位置 B 点，从 B 点到 C 点，从 C 点至 D 点为切削进给，进行圆锥面和端面的加工，最后从 D 点快速返回到循环起点 A。

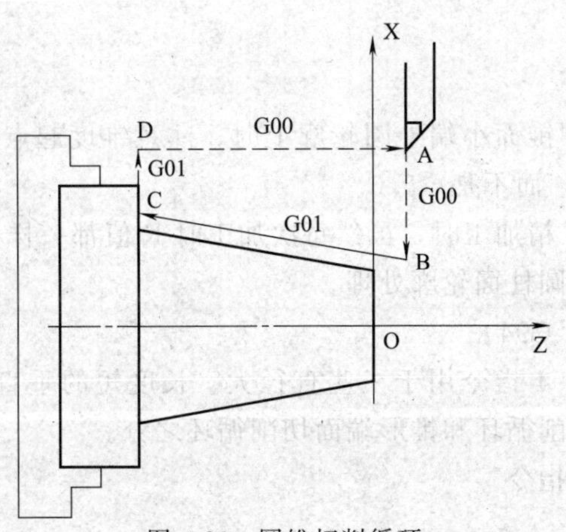

图 4-26　圆锥切削循环

循环起点 A 应选择在轴向方向上离开工件的地方，以保证快速进刀的安全，但 A 点在径向方向上不要离工件太远，以保证加工效率。

如图 4-27 所示零件，毛坯棒料尺寸为 ϕ45×80，零件的加工程序编写如下：

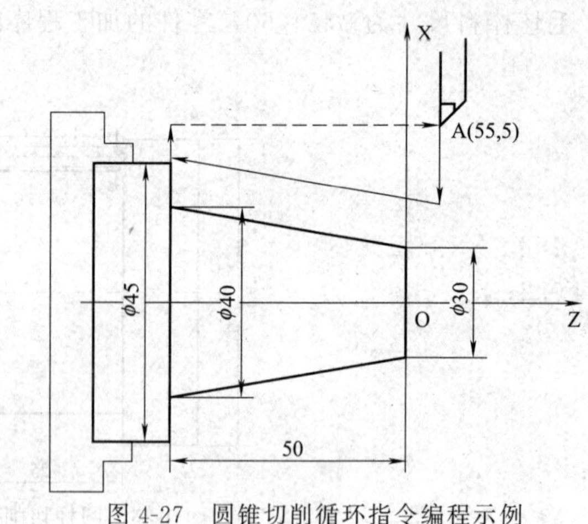

图 4-27 圆锥切削循环指令编程示例

```
O3002;
G54 G40 G99;
T0101;
S600 M03;
G00 X55.0 Z5.0;                      定位至循环起点
G90 X52.0 Z-50.0 R-5.5 F0.2;         第一次粗车圆锥面
X49.0 R-5.5;                         第二次粗车圆锥面
X47.0 R-5.5;                         第三次粗车圆锥面
X44.0 R-5.5;                         第四次粗车圆锥面
X41.0 R-5.5;                         第五次粗车圆锥面
X40.0 R-5.5 S800 F0.1;               精车圆锥面
G00 X100.0 Z100.0;
M05;
M30;
```

说明：

① 当编程起点不在圆锥面小端外圆轮廓上时，注意锥度起点和终点半径差的计算，如本例中锥度差 R 为－5.5，而不是－5.0。

② 在对锥面进行粗、精加工时，虽然每次加工时 R 值都一样，但每条语句中 R 值都不能省略，否则系统会按照圆柱面轮廓处理。

4. 端面切削循环指令 G94

端面切削循环指令 G94 指令用于一些直径大、长度短的垂直端面或锥形端面的加工。其程序格式也有平端面切削循环和锥形端面切削循环之分。

(1) 平端面切削循环指令

格式：

G94 X (U)__ Z (W)__ F__;

其中 X、Z 为切削终点的绝对坐标值；U、W 为切削终点相对于循环起点的增量坐标值；F 为进给速度或进给量。其刀具路径如图 4-28 所示。

(2) 锥形端面切削循环指令

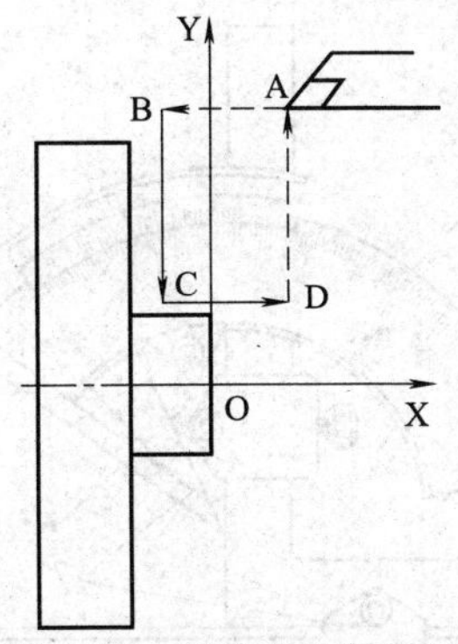

图 4-28　平端面切削循环

格式：

G94　X（U）__　Z（W）__　R __　F __ ；

其中 X、Z 为切削终点的绝对坐标值；U、W 为切削终点相对于循环起点的增量坐标值；R 为切削起点 B 到切削终点 C 的 Z 轴坐标分量，即 B 点的 Z 轴坐标减 C 点的 Z 轴坐标；F 为进给速度或进给量。其刀具路径如图 4-29 所示。

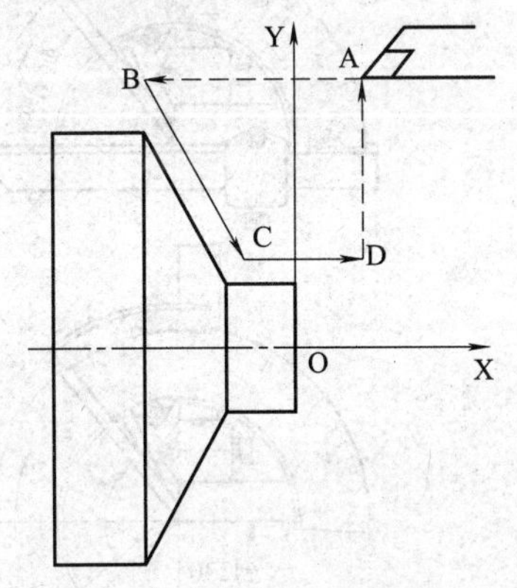

图 4-29　锥形端面切削循环

5. 圆锥角度的检测

圆锥的角度常用万能角度尺来检测。万能角度尺是用来测量精密零件内外角度或进行角度划线的角度量具。

万能角度尺的读数机构如图 4-30 所示，由刻有基本角度刻线的尺座 1 和固定在扇形板 6 上的游标 3 组成。扇形板可在尺座上回转移动（有制动器 5），形成了和游标卡尺相似的游标读数机构。

万能角度尺尺座上的刻度线每格 1°。由于游标上刻有 30 格，所占的总角度为 29°，因此，两者每格刻线的度数差是 $1°-29°/30=1°/30=2'$，即万能角度尺的精度为 $2'$。

万能角度尺的读数方法和游标卡尺相同，先读出游标零线前的角度是几度，再从游标上读出角度“分”的数值，两者相加就是被测零件的角度数值。

在万能角度上，基尺 4 是固定在尺座上的，角尺 2 用卡块 7 固定在扇形板上，直尺 8 用卡块固定在角尺上。若把角尺 2 拆下，也可把直尺 8 固定在扇形板上。由于角尺 2 和直尺 8 可以移动和拆换，故万能角度尺可以测量 0°～320°的任何角度，如图 4-31 所示。

由图 4-31 可见，角尺和直尺全装上时，可测量 0°～50°的外角度 ，仅装上直尺时，可测

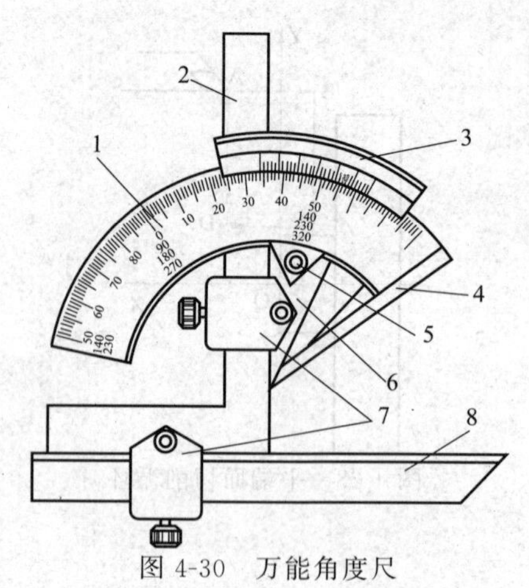

图 4-30 万能角度尺

1—尺座；2—角尺；3—游标；4—基尺；5—制动器；6—扇形板；7—卡块；8—直尺

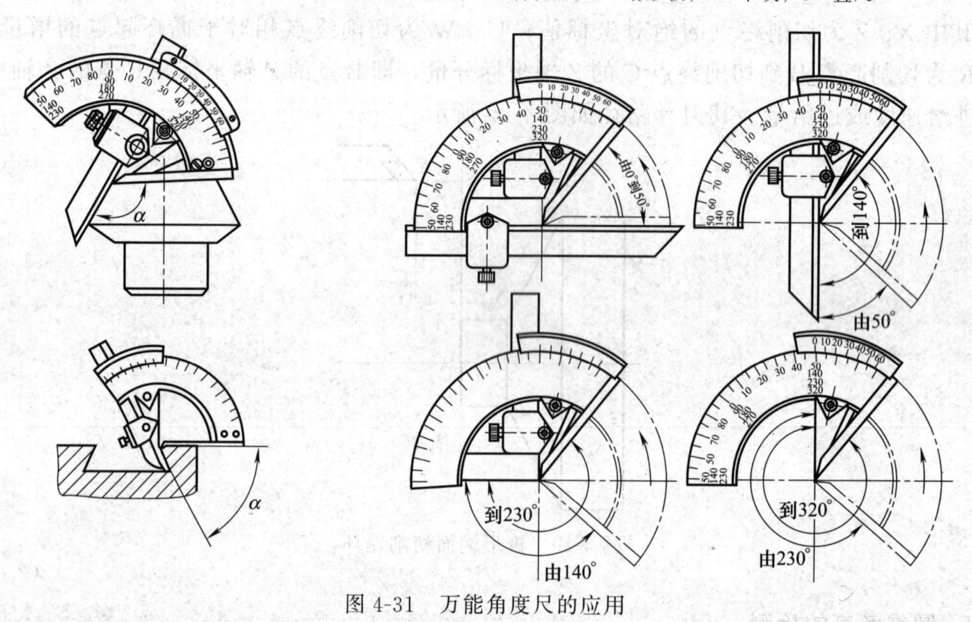

图 4-31 万能角度尺的应用

量 50°～140°的角度，仅装上角尺时，可测量 140°～230°的角度，把角尺和直尺全拆下时，可测量 230°～320°的角度（即可测量 40°～130°的内角度）。

万能量角尺的尺座上，基本角度的刻线只有 0°～90°，如果测量的零件角度大于 90°，则在读数时，应加上一个基数（90°、180°、270°）。当零件角度＞90°～180°，被测角度＝90°＋量角尺读数；当零件角度＞180°～270°，被测角度＝180°＋量角尺读数；当零件角度＞270°～320°，被测角度＝270°＋量角尺读数。

用万能角度尺测量零件角度时，应使基尺与零件角度的母线方向一致，且零件应与量角尺的两个测量面的全长上接触良好，以免产生测量误差。

四、项目实施

任务一 工 艺 分 析

1. 零件图样分析

如图 4-20 所示，零件毛坯尺寸为 $\phi35\times60$，材料为 45 钢，尺寸公差、表面粗糙度未注明，主要加工表面为外圆锥面。

2. **制定加工工艺**

（1）确定加工方案　由上述分析，该零件按粗车—精车外轮廓即可。

（2）确定装夹方案　以 ϕ35 外圆表面定位，采用三爪卡盘装夹。

（3）选择刀具　因该零件加工要求不高，考虑到减少刀具数量，采用一把 90°外圆车刀（刀尖半径 R0.4）完成外圆锥面的粗车和精车。

（4）切削用量的确定　从加工的安全因素考虑，选用较小的切削用量。

粗加工：n=600r/min，f=0.2mm/r，a_p=1.5mm（半径值）。

精加工：n=1000r/min，f=0.1mm/r，a_p=0.5～1mm（半径值）。

（5）加工工序　粗车外圆锥面—精车外圆锥面—零件检验。

任务二　程序编制

1. **工件坐标系的确定**

为计算方便，工件坐标系原点设定在工件端面与轴线的交点处。采用试切法进行对刀，确定工件坐标系原点 O。

2. **数值计算**

该零件轮廓形状较简单，可根据图示标注尺寸计算轮廓上各点的坐标值。

3. **编写加工程序**

该零件采用 FANUC 数控系统的指令与规则编写加工程序，具体见表 4-5。

表 4-5　参考程序

程　序	说　明
O3003;	程序名
G54 G40 G99;	程序初始化
T0101;	选 1 号刀
S600 M03;	主轴正转，转速 600r/min
G00 X100.0 Z100.0;	定位至换刀点
G00 X40.0 Z3.0;	定位至循环起点
G90 X30.0 Z−30.0 R−5.5 F0.2;	第一次粗车圆锥面
X27.0 R−5.5;	第二次粗车圆锥面
X25.0 R−5.5;	第三次粗车圆锥面
X24.0 R−5.5 S1000 F0.1;	精车圆锥面
G00 X100.0 Z100.0;	返回至换刀点
M05;	主轴停
M30;	程序结束

任务三　机床操作

1. **加工准备**

① 阅读零件图样，检查坯料尺寸。

② 开机，机床回零操作。

③ 输入程序并检查程序正确性。

④ 装夹工件。夹毛坯外圆，伸出卡盘 45mm。

⑤ 准备刀具。将 90°外圆车刀安装在 1 号刀位上。

2. **对刀，设定工件坐标系**

（1）X 方向对刀　试切工件外圆表面，沿 Z 轴正方向退出，测量外圆表面直径，并将直径值输入系统相应位置。

(2) Z 方向对刀　车工件右端面，沿 X 轴正方向退出，将“Z0”输入系统相应位置。

3. **程序校验**

利用数控机床图形显示功能进行校验，也可采用数控加工仿真软件进行。

4. **自动加工**

启动程序进行自动加工，并根据加工情况使用主轴、进给速度倍率开关适当调整切削速度、进给速度。

5. **尺寸测量**

自动加工结束后，按图样要求对工件进行检测，并进行误差及质量分析。

6. **结束加工**

松开夹具，卸下工件，清理机床，关闭数控系统电源，关闭机床总电源。

任务四　质量检测

具体见表 4-6。

表 4-6　评分表

项目比重	序号	技术要求	配分	评分标准	检测记录	得分
工艺与程序（25 分）	1	程序格式规范	5	不规范每处扣 2 分		
	2	程序正确完整	10	每错一处扣 5 分		
	3	工艺过程规范、合理	5	不合理每处扣 5 分		
	4	切削用量合理	5	不合理每处扣 5 分		
机床操作（20 分）	5	工件、刀具选择安装正确	5	不正确每处扣 5 分		
	6	对刀及坐标系设定正确	5	不正确每处扣 2 分		
	7	机床操作规范	5	不规范每处扣 2 分		
	8	工件加工不出错	5	出错全扣		
工件质量（15 分）	9	尺寸精度符合要求	10	不合格每处扣 2 分		
	10	表面粗糙度符合要求	5	不合格每处扣 2 分		
文明生产（20 分）	11	安全操作	10	出错全扣		
	12	机床维护与保养	5	不合格全扣		
	13	工作场所整理	5	不合格全扣		
相关知识及职业能力（20 分）	14	数控加工知识	10	提问		
	15	表达沟通能力	10	根据学生的实际情况酌情给 0～10 分		
		合作能力				
		创新能力				

项目四　圆弧面的加工

一、项目描述

如图 4-32 所示，工件毛坯尺寸为 $\phi 36 \times 60$，材料为 45 钢，试编写零件的加工程序并进行加工。

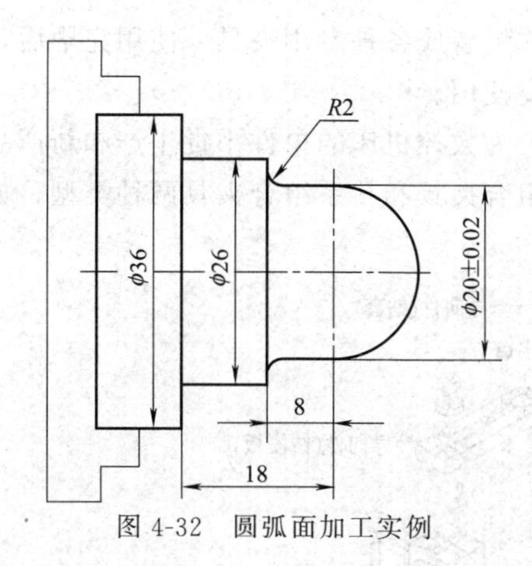

图 4-32　圆弧面加工实例

二、项目要求

1. 知识要求

① 了解数控车床常用夹具的种类和应用。

② 圆弧插补指令 G02/G03 的格式与编程方法。

③ 圆弧面加工路线的确定。

④ 车刀的组成及其几何角度。

2. 能力要求

① 能正确选择圆弧面加工刀具。

② 能使用 G02/G03 指令加工圆弧面。

三、项目指导

1. 数控车床常用夹具

（1）夹具的概念　为了加工出符合规定技术要求的工件，必须在加工前将工件装夹在机床上。按照机械加工工艺规程的要求，用于迅速装夹工件，使之占有正确位置并可靠夹紧的工艺装备，称为夹具。在现代化生产中，机床夹具是一种不可缺少的工艺装备。它能提高零件的加工精度、劳动生产率，降低产品的制造成本、降低工人的劳动强度、技术等级，还能扩大机床的加工范围。

（2）夹具的分类　按照其通用性和使用特点，通常可以分为通用夹具、专用夹具和组合夹具三类。

① 通用夹具　是指结构、尺寸已标准化、规格化，在一定范围内可用于加工不同工件的夹具。这类夹具作为机床的附件由机床附件厂制造和供应。通用夹具应用较广，能较好地适应加工工序和加工对象的变换，如车床上的三爪自定心卡盘、四爪单动卡盘、通用心轴等。

② 专用夹具　是为某工件的某一工序的加工要求专门设计制造的夹具。这种夹具结构紧凑、操作方便，在产品相对稳定、批量较大的生产中使用。在生产过程中它能有效地降低劳动强度、提高劳动生产率，并获得较高的加工精度。

③ 组合夹具　是由一套结构标准化、尺寸规格化的通用及组合元件构成的。这些元件具有不同的形状、尺寸和规格，并具有较好的互换性、耐磨性和较高的精度，可根据工件的

工艺要求，采用搭积木的方式组装成各种专用夹具。使用完毕后，可快速拆卸，清理保养后存放，待以后重新组装，重复使用。

组合夹具的出现和发展，为数控机床的单件小批生产和新产品的试制工作创造了极为有利的条件。组合夹具有槽系组合夹具和孔系组合夹具两种类型，如图 4-33 所示。

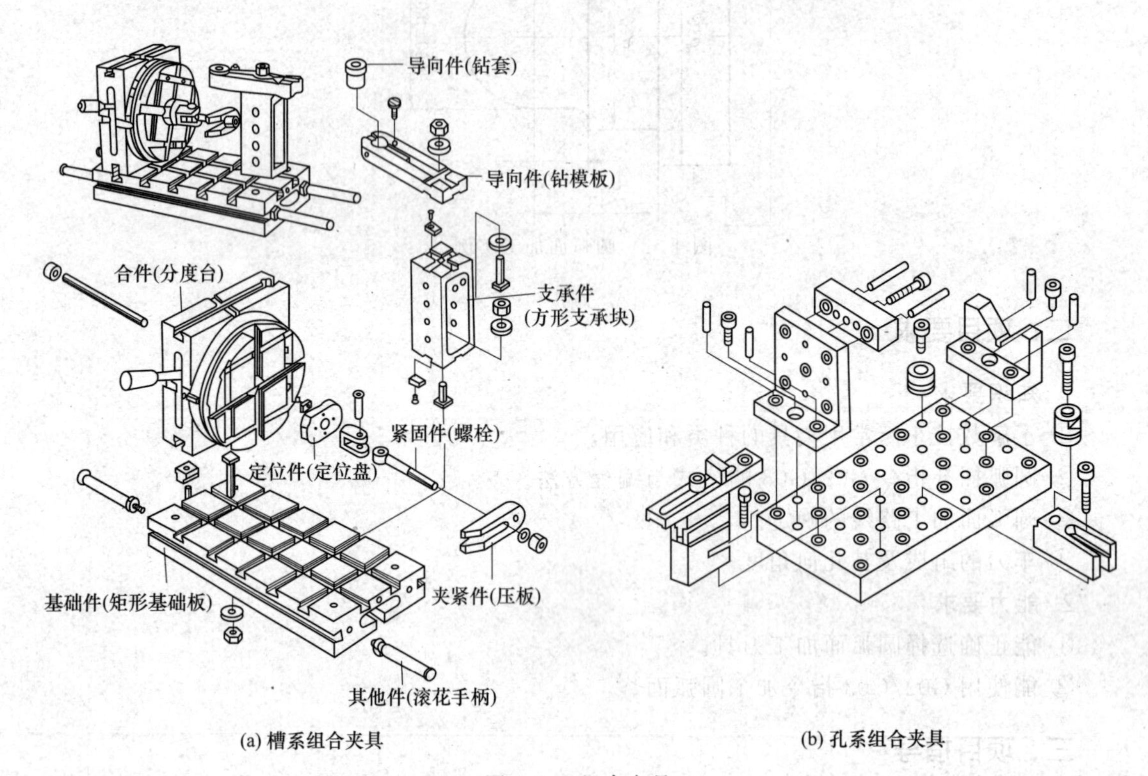

图 4-33　组合夹具

(3) 数控车床常用夹具

① 三爪自定心卡盘　结构如图 4-34 所示，它是数控车床最常用的通用夹具，适用于装夹轴类、盘套类零件。其最大优点是可以自动定心，一般装夹工件时不需要找正，夹持范围大，装夹速度较快。

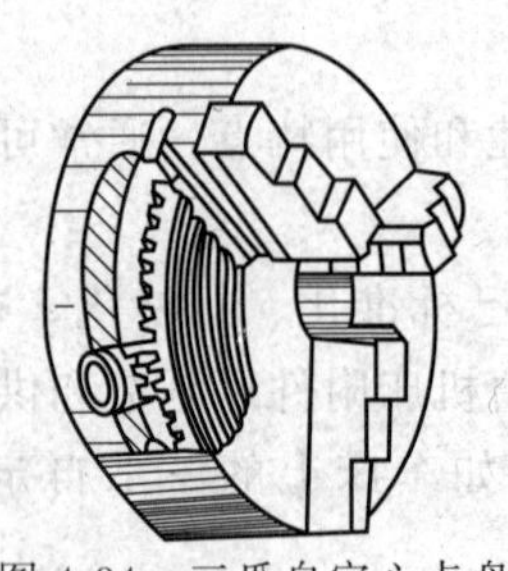

图 4-34　三爪自定心卡盘

② 四爪单动卡盘　结构如图 4-35 所示，也是数控车床最常用的装夹工具，用四爪卡盘装夹工件，夹紧力大，零件装夹精度不受卡爪磨损的影响，适合于装夹形状不规则的工件或大型工件。由于有四个独立运动的卡爪，因此装夹工件时每次都必须仔细校正工件位置，使工件的旋转轴线与数控车床主轴的旋转轴线重合。

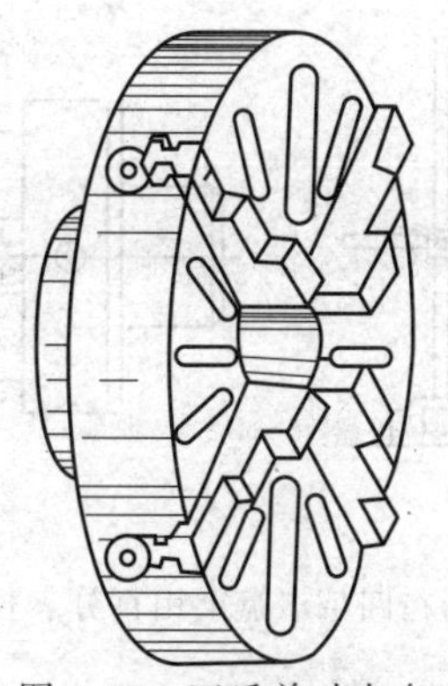

图 4-35 四爪单动卡盘

装夹工件时可以通过划线盘校正工件位置。用划线盘校正工件位置时，先使划针稍离开工件外圆面，然后慢慢转动主轴，观察针尖与工件表面之间的间隙大小来判断工件的位置。根据间隙的差异量来调整每一对相对的卡爪位置，它的调整量大约是间隙差异量的一半。按照这样的步骤，经过几次调整，一直进行到使划针针尖和工件表面间隙均匀为止，如图 4-36（a)所示。

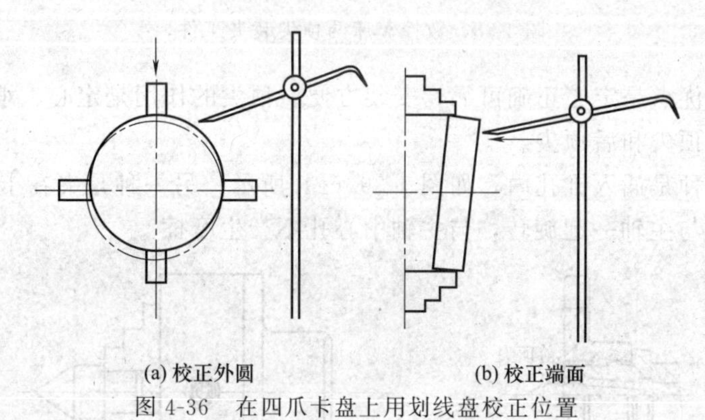

(a) 校正外圆　　(b) 校正端面

图 4-36 在四爪卡盘上用划线盘校正位置

在校正较长工件的外圆时，必须对工件前、后端外圆都进行校正；在校正短工件时，除校正外圆，还必须校正端面。在校正端面时，把划针针尖放在靠近工件端面的边缘处，然后慢慢转动主轴，观察端面与针尖的间隙。观察到端面上的某一处离针尖最近时，停止转动，用铜锤或木锤轻轻敲击工件的那一处，如图 4-36（b）所示。重复这样的步骤，直到端面上各处都和划针的间隙相等为止。

校正精度较高的工件时还可以用百分表校正。校正的方法和内容与用划线盘校正时基本相同，只是用百分表校正时，百分表的测量触头是用一定压力压在被测表面上的。被测表面的径向圆跳动和端面圆跳动由百分表上的刻度直接读出，如图 4-37 所示。用百分表校正工件时，精度可以控制在 0.01mm 以内。

无论是用划线盘还是用百分表校正工件都要注意：当需要校正整个工件时，校正外圆和校正端面必须同时兼顾；特别要注意加工余量较少的部分，不要因为校正不当出现加工余量不够而造成废品。

③ 两顶尖拨盘　对于较长的或必须经过多次装夹才能完成加工的轴类零件，如长轴、长丝杠、光杠等细长轴类零件，为了保证每次装夹时的安装精度（如同轴度要求），可用两

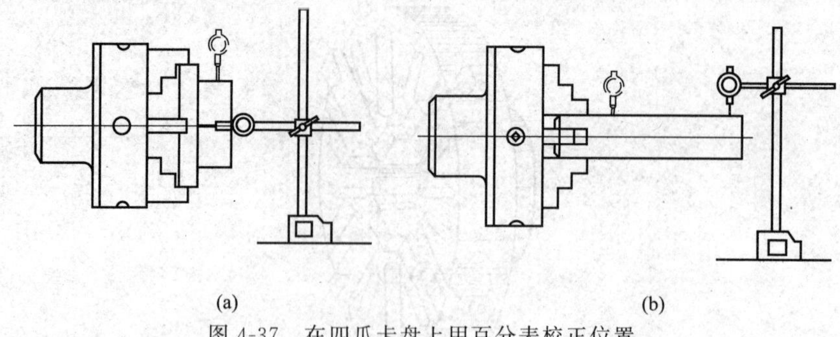

(a) (b)

图 4-37 在四爪卡盘上用百分表校正位置

顶尖装夹工件，如图 4-38 所示。两顶尖装夹工件方便，工件经多次安装后，其轴心线的位置不会改变，不需要进行校正，装夹精度高。

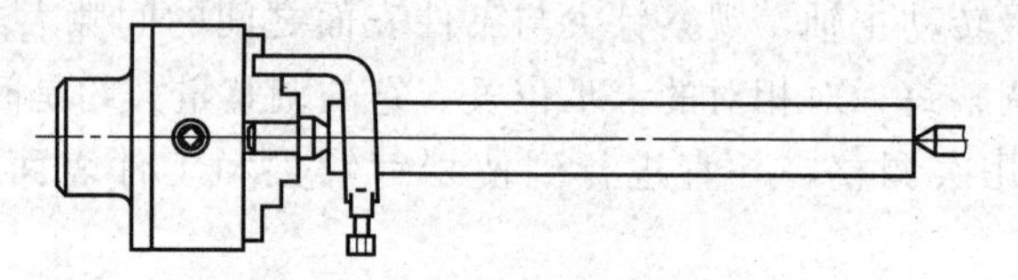

图 4-38 数控车床两顶尖装夹工件

两顶尖定位的优点是定心正确可靠，安装方便。顶尖的作用是定心、承受工件的重量和切削力。顶尖分前顶尖和后顶尖。

前顶尖中的一种是插入锥孔内，如图 4-39（a）所示；另一种是夹在卡盘上，如图 4-39（b）所示。前顶尖与主轴一起旋转，与主轴中心孔不产生摩擦。

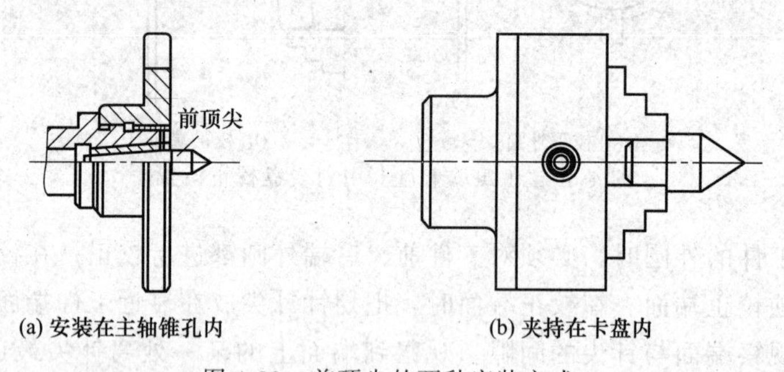

(a) 安装在主轴锥孔内 (b) 夹持在卡盘内

图 4-39 前顶尖的两种安装方式

后顶尖插入数控车床尾座套筒内。后顶尖分为固定后顶尖和回转后顶尖，分别如图4-40和图 4-41 所示。

图 4-40 固定后顶尖结构

2. 圆弧面的加工路线

在数控车床上加工圆弧，是利用圆弧插补指令 G02（或 G03）完成的，一般需要经过粗

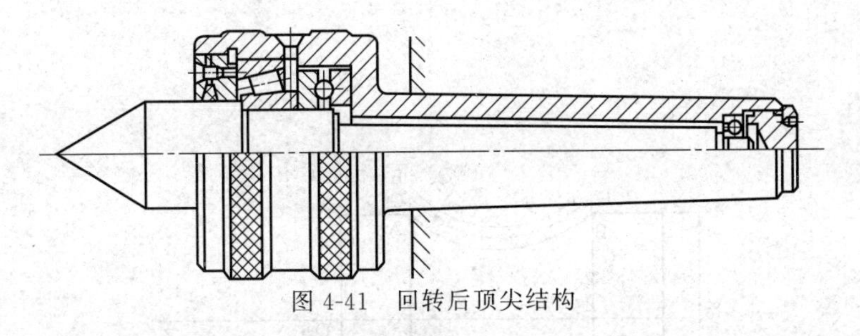

图 4-41　回转后顶尖结构

车先将大部分余量切除，最后精车得到所需圆弧。对有轮廓粗车循环的系统，粗车比较方便，但对于无轮廓粗车循环的系统，需要确定其粗车加工路线。常用的圆弧加工路线主要有以下几种。

（1）车锥法　此方法是先粗车一个圆锥，再车圆弧，如图 4-42 所示。车锥时起点和终点的确定：

$$AB=BC=\sqrt{2}BD=0.586R$$

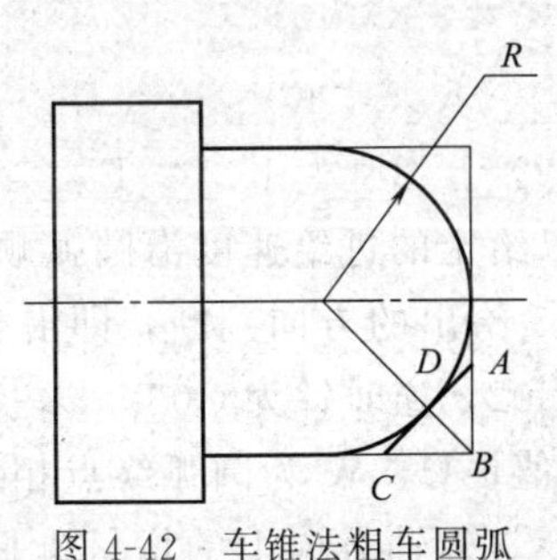

图 4-42　车锥法粗车圆弧

当 R 不太大时，可取 $AB=BC=0.5R$。此方法数值计算较繁琐，加工余量不均匀，但其刀具切削路线较短、加工效率高。

（2）车圆法

① 同心圆法　用不同半径圆来车削，最后将所需圆弧加工出来，如图 4-43 所示。此方法在确定了每次切削深度 a_p后，对 90°圆弧的起点、终点坐标较易确定。图 4-43（a）的走刀路线较短，图 4-43（b）加工的空行程时间较长。该方法适用于起、终点正好为 1/2 的圆弧或 1/4 的圆弧。

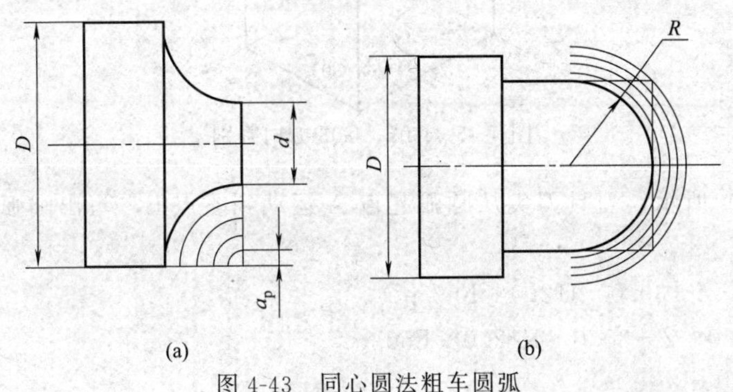

图 4-43　同心圆法粗车圆弧

② 圆心偏移法　圆心依次偏移一个背吃刀量，直至达到尺寸要求，如图 4-44 所示。此方法数值计算简单，编程方便，车削时余量均匀，但加工的空行程时间较长，适用于车削较

大的圆弧。

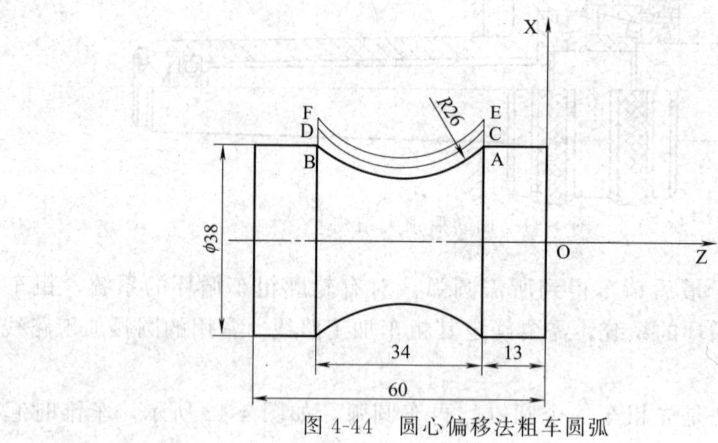

图 4-44 圆心偏移法粗车圆弧

3. 圆弧插补指令 G02/G03

格式：

G02/G03 X（U）_ Z（W）_ R _ F _；

或 G02/G03 X（U）_ Z（W）_ I _ K _ F _；

该指令使刀具从圆弧起点，以给定的进给速度沿圆弧顺时针或逆时针插补到圆弧终点。圆弧的顺、逆时针方向可按图 4-45 给出的方向判断，即沿着与圆弧所在平面相垂直的另一坐标轴的负方向看去，顺时针为 G02，逆时针为 G03。

X、Z 为圆弧终点的绝对坐标值；U、W 为圆弧终点相对于圆弧起点的增量坐标值；I、K 为圆心相对于圆弧起点分别在 X、Z 轴方向上的增量坐标值，当 I、K 为零时，可省略；R 为圆弧半径，当圆弧所对圆心角为 0°～180°时，R 取正值，当圆弧所对圆心角为 180°～360°时，R 取负值；当加工整圆时，只能用 I、K 表示。

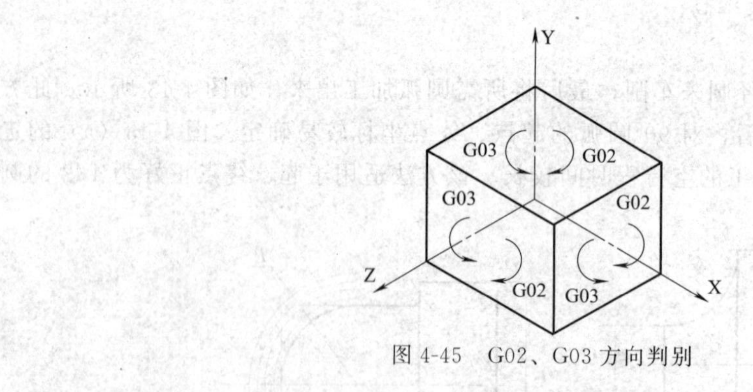

图 4-45 G02、G03 方向判别

如图 4-46（a）所示，刀具刀尖从圆弧起点 A 运动到终点 B，写出圆弧插补的程序段。

绝对方式：

G02 X60.0 Z－30.0 I12.0 F50；

或 G02 X60.0 Z－30.0 R12.0 F50；

增量方式：

G02 U24.0 W－12.0 I12.0 F50；

或 G02 U24.0 W－12.0 R12.0 F50；

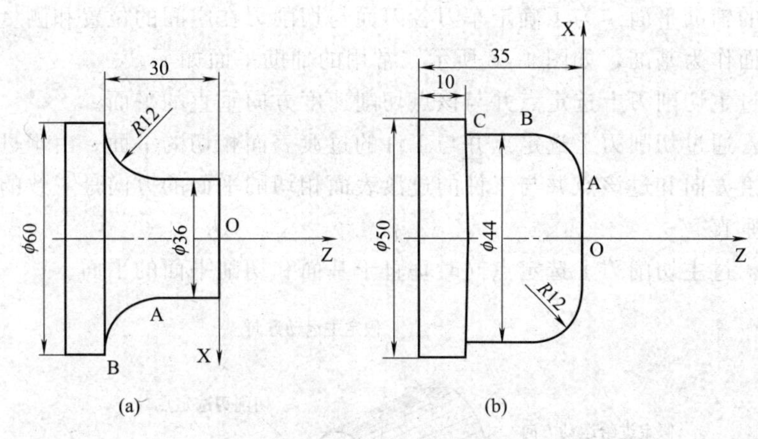

图 4-46　圆弧插曲补

如图 4-46（b）所示，刀具刀尖从起点 A 运动到终点 C，写出对应的程序段。

绝对方式：

G03　X44.0　Z－12.0　K－12.0（或 R12.0）　F50；　　A→B

G01　X44.0　Z－25.0　F50；　　B→C

增量方式：

G03　U24.0　W－12.0　K－12.0（或 R12.0）　F50；　　A→B

G01　U0.0　W－13.0　F50；　　B→C

4. 车刀的组成及其几何角度

（1）车刀的组成　图 4-47 所示是常见的外圆车刀，它由刀杆和刀头（刀体和切削部分）组成。车刀切削部分由以下几部分组成。

前刀面（又称前面）：切屑流出时所经过的表面。

主后刀面（又称后面）：与工件切削表面相对的刀面。

副后刀面（又称副后面）：与已加工表面相对的刀面。

主切削刃：前刀面与主后刀面相交形成的刀刃。

副切削刃：前刀面与副后刀面相交形成的刀刃。

刀尖：主切削刃与副切削刃的交点，一般为半径很小的圆弧，以保证刀尖有足够的强度。

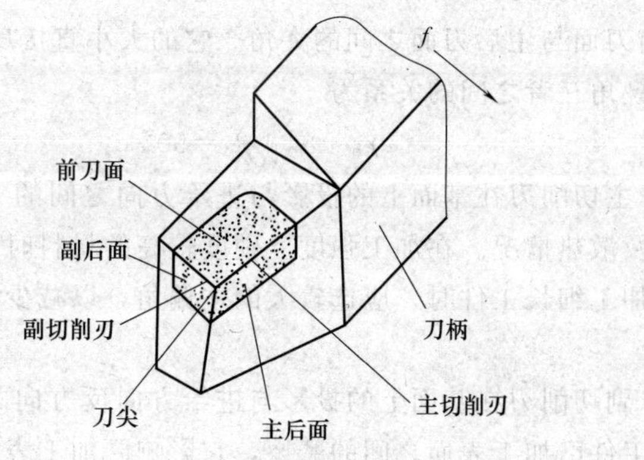

图 4-47　车刀的切削部分

（2）车刀的辅助平面　为了确定车刀各刀面与切削刃在空间的位置和测量角度，需要选择一些辅助平面作为基准，如图4-48所示，常用的辅助平面如下。

基面：通过主切削刃上选定点并与该点切削速度方向垂直的平面。

切削平面：通过切削刃上选定点并与工件的过渡表面相切的平面。由于过主切削刃上选定点的切削速度方向和过该点并与工件的过渡表面相切的平面的方向是一致的，所以基面和切削平面相互垂直。

正交平面：过主切削刃上选定点同时垂直于基面和切削平面的平面。

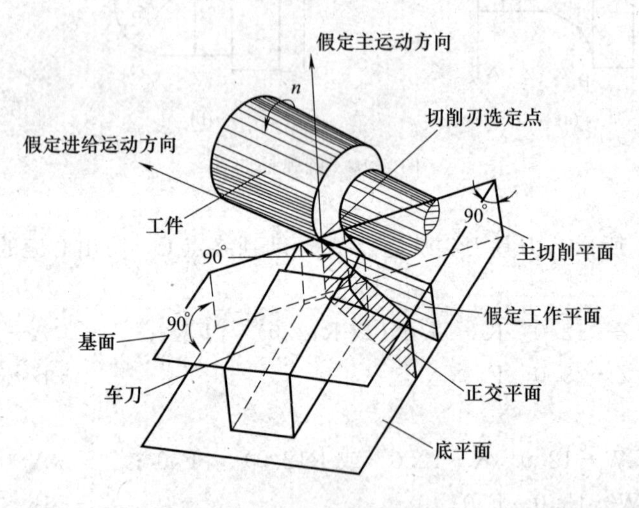

图4-48　车刀的辅助平面

（3）车刀的主要几何角度　如图4-49所示，车刀的几何角度需要在不同的平面内度量。

在正交平面内度量的角度有前角、后角和楔角。在基面上测量的角度有主偏角、副偏角和刀尖角。在切削平面内测量的角度主要是刃倾角。

① 前角 γ_o　前刀面与基面之间的夹角。表示前刀面的倾斜程度，前角越大，刀具越锋利，切削时就越省力。但前角过大，会使切削刃强度降低，影响刀具寿命。前角的选择取决于工件材料、刀具材料和加工性质。

② 后角 α_o　主后刀面与切削平面之间的夹角。它表示主后刀面的倾斜程度。后角的作用主要是减少主后刀面与工件过渡表面之间的摩擦，后角越大，摩擦越小。但后角过大会使切削刃的强度降低，影响刀具的寿命。

③ 楔角 β_o　前刀面与主后刀面之间的夹角。它的大小直接反映切削刃的强度。

前角、后角和楔角三者之间的关系为

$$\gamma_o+\alpha_o+\beta_o=90°$$

④ 主偏角 κ_r　主切削刃在基面上的投影与进给方向之间的夹角。主偏角能影响主切削刃和刀头受力情况及散热情况。在加工强度、硬度较高的材料时，应选较小的主偏角，以提高刀具的耐用度。加工细长工件时，应选较大的主偏角，以减少径向切削力引起工件的变形和振动。

⑤ 副偏角 κ_r'　副切削刃在基面上的投影与进给方向反方向之间的夹角。副偏角的作用是减少副切削刃与工件已加工表面之间的摩擦，它影响已加工表面的表面粗糙度。

⑥ 刀尖角 ε_r　主、副切削刃在基面上投影之间的夹角。它影响刀尖强度和散热条件。

它的大小决定于主偏角和副偏角的大小。

主偏角、副偏角和刀尖角三者之间的关系为

$$\kappa_r+\kappa_r'+\varepsilon_r=180°$$

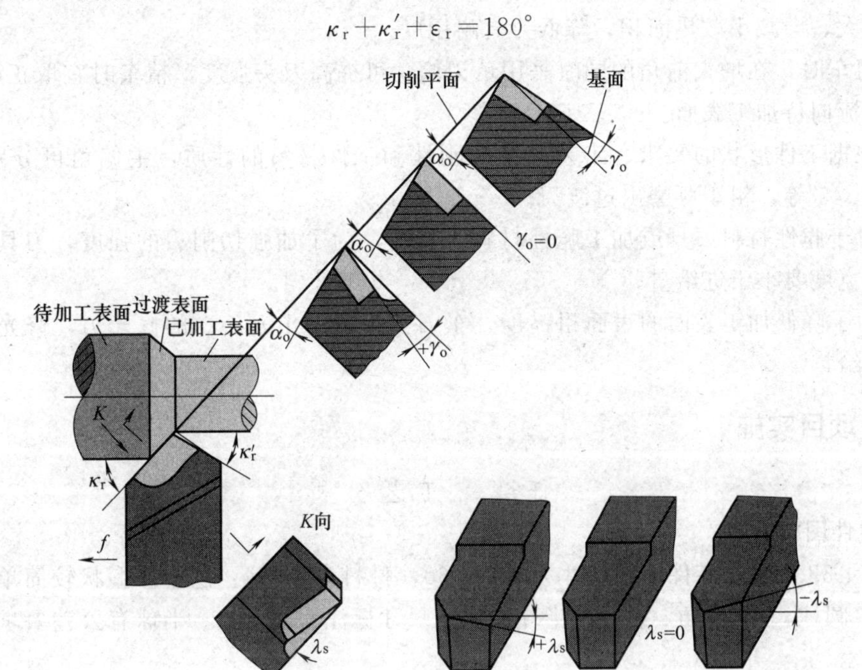

图 4-49　车刀的几何角度

⑦ 刃倾角 λ_s　在切削平面内主切削刃与基面之间的夹角。它影响刀尖强度并控制切屑流出的方向。图 4-50 所示为刃倾角大小与切屑流出方向之间的关系。

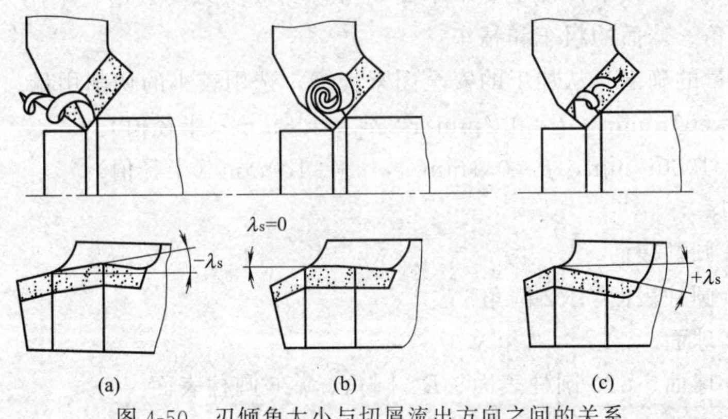

图 4-50　刃倾角大小与切屑流出方向之间的关系

当主切削刃和基面平行时，刃倾角为零度（$\lambda_s=0°$），切削时切屑基本上朝垂直于主切削刃方向排出。

当刀尖位于主切削刃最高点时，刃倾角为正值（$\lambda_s>0°$）。切削时，切屑朝工件待加工表面方向排出。切屑不易擦伤已加工表面，工件表面粗糙度较高，但刀尖强度较差。尤其是车削不连续的工件表面时，由于冲击力较大，刀尖易损坏。

当刀尖位于主切削刃最低点时，刃倾角为负值（$\lambda_s<0°$）。切削时，切屑朝工件已加工表面方向排出，容易擦伤已加工表面，但刀尖强度好。在车削有较大冲击力的工件时，在远离刀尖的切削刃处是最先承受冲击的着力点，从而保护了刀尖。

（4）车刀几何角度的选用　车刀几何角度的选取应当考虑下列几个因素。

① 在保证刀头强度的基础上选用较大的前角，可减小切削阻力，减小切削热的产生。但前角过大，会减小散热面积，降低刀具耐用度。

② 粗车时，在增大前角的同时采用负刃倾角可提高刀头强度，精车时宜取正的刃倾角，以使刀屑流向待加工表面。

③ 根据工件形状的要求、工艺系统的刚性和工件材料的性质，主偏角可分别选用 90° 75°、60°、45°等，粗车可磨出过渡刃。

④ 对于脆性材料刀具或加工脆性材料工件时，为了加强切削刃的强度，刀具应制出负倒棱，其宽度要小于进给量。

⑤ 为了降低加工表面的表面粗糙度，车刀上可以磨出 $\kappa_r'=0°$ 的修光刃，修光刃长度要略大于进给量。

四、项目实施

任务一　工艺分析

1. 零件图样分析

如图 4-32 所示，零件毛坯尺寸为 $\phi36\times60$，材料为 45 钢。该零件形状较简单，主要由 $\phi20$、$\phi26$ 圆柱，$R2$ 圆角、$\phi20$ 的半球组成。尺寸标注完整，$\phi20$ 半球有公差要求，其余均未标注公差。

2. 制定加工工艺

（1）确定加工方案　由上述分析，该零件按粗车—精车外轮廓即可。

（2）确定装夹方案　以 $\phi36$ 外圆表面定位，采用三爪卡盘装夹。

（3）选择刀具　因该零件加工要求不高，考虑到减少刀具数量，采用一把 90°外圆车刀完成圆柱面、圆角、球面的粗车和精车。

（4）切削用量的确定　从加工的安全因素考虑，选用较小的切削用量。

粗加工：$n=600$r/min，$f=0.2$mm/r，$a_p=1.5$mm（半径值）。

精加工：$n=1000$r/min，$f=0.1$mm/r，$a_p=1.0$mm（半径值）。

（5）加工工序

① 粗车 $\phi26$ 圆柱表面。

② 粗车 $\phi20$ 圆柱表面、$R2$ 圆角。

③ 粗车 $\phi20$ 球面。

④ 精车 $\phi20$ 球面、$\phi20$ 圆柱表面、$R2$ 圆角、$\phi26$ 圆柱表面。

⑤ 检验。

任务二　程序编制

1. 工件坐标系的确定

为计算方便，工件坐标系原点设定在工件端面与轴线的交点处。采用试切法进行对刀，确定工件坐标系原点 O。

2. 数值计算

该零件轮廓形状较简单，可根据图示标注尺寸计算轮廓上各点的坐标值。

3. 编写加工程序

该零件采用 FANUC 数控系统的指令与规则编写加工程序，具体见表 4-7。

表 4-7 圆弧加工程序

程序	说明
O4001;	程序名
G54 G40 G99;	程序初始化
T0101;	选 1 号刀
S600 M03;	主轴正转,转速 600r/min
G00 X100.0 Z100.0;	定位至换刀点
G00 X40.0 Z3.0;	定位至循环起点
G90 X33.0 Z-28.0 F0.2;	第一次粗车 ϕ26 外圆表面
X30.0;	第二次粗车 ϕ26 外圆表面
X27.0;	第三次粗车 ϕ26 外圆表面
X24.0 Z-16.0;	粗车 ϕ20 外圆表面
X21.0;	粗车 ϕ20 外圆表面
G00 X21.0;	进刀
G01 Z-16.0 F0.2;	
G01 X25.0 Z-18.0;	粗车 $R2$ 圆弧
X30.0;	退刀
G00 X25.0 Z3.0;	至循环起点
G90 X21.0 Z-2.0 R-3.0;	粗车球面
G90 X21.0 Z-3.5 R-4.5;	
G90 X21.0 Z-5.0 R-6.0;	
S1000 M03;	
G00 X0.0;	
G01 Z0.0 F0.1;	至精车起点
G03 20.0 Z-10.0 R10.0;	精车轮廓
G01Z-16.0;	
G02 X24.0 Z-18.0 R2.0;	
G01 X26.0;	
Z-28.0;	
X40.0;	
G00 X100.0 Z100.0;	返回至换刀点
M05;	
M30;	程序结束

任务三 机床操作

1. 加工准备

① 阅读零件图样，检查坯料尺寸。

② 开机，机床回零操作。

③ 输入程序并检查程序正确性。

④ 装夹工件。夹毛坯外圆，伸出卡盘 40mm。

⑤ 准备刀具。将 90°外圆车刀安装在 1 号刀位上。

2. 对刀，设定工件坐标系

(1) X 方向对刀 试切工件外圆表面，沿 Z 轴正方向退出，测量外圆表面直径，并将直径值输入系统相应位置。

(2) Z 方向对刀 车工件右端面，沿 X 轴正方向退出，将“Z0”输入系统相应位置。

3. 程序校验

利用数控机床图形显示功能进行校验，也可采用数控加工仿真软件进行。

4. **自动加工**

启动程序进行自动加工，并根据加工情况使用主轴、进给速度倍率开关适当调整切削速度、进给速度。

5. **尺寸测量**

自动加工结束后，按图样要求对工件进行检测，并进行误差及质量分析。

6. **结束加工**

松开夹具，卸下工件，清理机床，关闭数控系统电源，关闭机床总电源。

任务四　质量检测

具体见表4-8。

表4-8　评分表

项目比重	序号	技术要求	配分	评分标准	检测记录	得分
工艺与程序（30分）	1	程序格式规范	5	不规范每处扣2分		
	2	程序正确完整	10	每错一处扣5分		
	3	工艺过程规范、合理	10	不合理每处扣5分		
	4	切削用量合理	5	不合理每处扣5分		
机床操作（20分）	5	工件、刀具选择安装正确	5	不正确每处扣5分		
	6	对刀及坐标系设定正确	5	不正确每处扣2分		
	7	机床操作规范	5	不规范每处扣2分		
	8	工件加工不出错	5	出错全扣		
工件质量（20分）	9	尺寸精度符合要求	15	不合格每处扣2分		
	10	表面粗糙度符合要求	5	不合格每处扣2分		
文明生产（10分）	11	安全操作	5	出错全扣		
	12	机床整理	5	不合格全扣		
相关知识及职业能力（20分）	13	车床夹具知识	10	提问		
	14	表达沟通能力	10	根据学生的实际情况酌情给0～10分		
		合作能力				
		创新能力				

项目五　简单轴类零件的加工（一）

一、项目描述

如图5-51所示，工件毛坯尺寸为$\phi 42\times 100$，材料为45钢，试编写零件的加工程序并进行加工。

二、项目要求

1. **知识要求**

① 掌握数控车削刀具的种类。

② 掌握数控车削刀具刀尖方位的确定和刀尖圆弧半径补偿的设定方法。

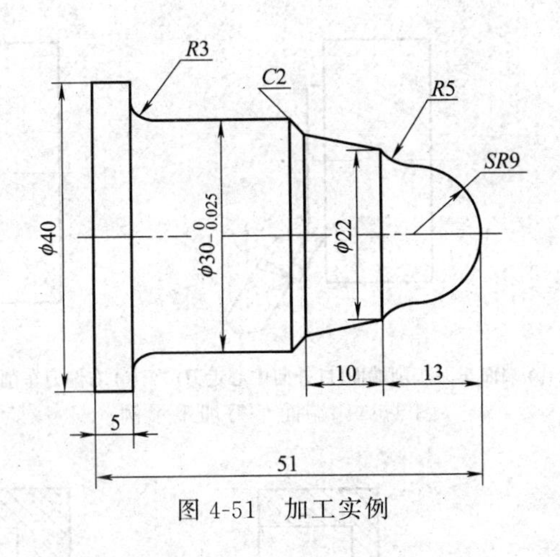

图 4-51　加工实例

③ 掌握内、外圆粗车复合循环的指令格式及其编程方法。

④ 掌握切削用量的选择方法。

2. 能力要求

能正确使用 G71、G70 指令加工简单轴类零件。

三、项目指导

1. 数控车削刀具的种类

(1) 按用途分类　数控车削刀具按照用途可分为外圆车刀、端面车刀、内孔车刀、切断刀、切槽刀、螺纹车刀等。

① 外圆车刀　有直头外圆车刀、弯头外圆车刀、90°外圆车刀。直头外圆车刀用于加工外圆柱面和外圆锥面；弯头外圆车刀可用于加工外圆柱表面、外圆锥表面、端面和倒棱；90°外圆车刀可用于加工细长轴、刚性不好的轴类零件、阶梯轴、凸肩或端面，如图 4-52 所示。

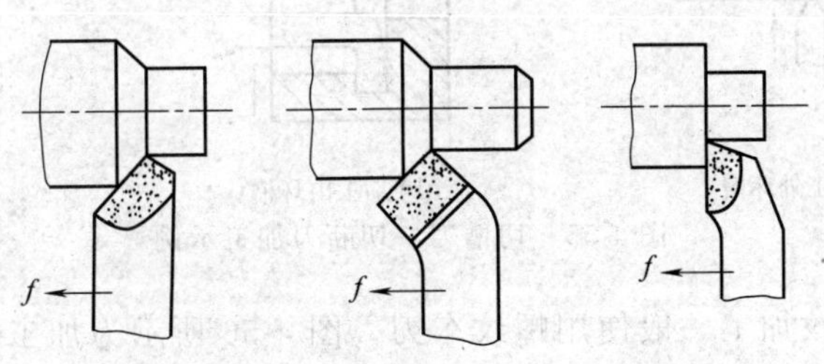

(a) 直头外圆车刀　(b) 弯头外圆车刀　(c) 90°外圆车刀

图 4-52　外圆车刀加工示例

② 端面车刀　用于加工工件的端面，一般由工件外圆向中心进给，加工带孔的工件端面时，也可以由工件中心向外圆进给，如图 4-53 所示。

③ 内孔车刀　用于车削圆孔，工件条件比车削外圆差，车刀的刀杆伸出长度和刀杆截面尺寸都要受到所加工孔的尺寸限制，图 4-54 所示为内孔车刀用于加工通孔、不通孔和阶梯孔的情形。

④ 切断刀、切槽刀　切断刀用于切断工件或切窄槽，切断刀和切槽刀结构形式相同，不同点在于切槽刀刀头伸出长度和宽度取决于所加工工件槽的深度和宽度，而切断刀为了切

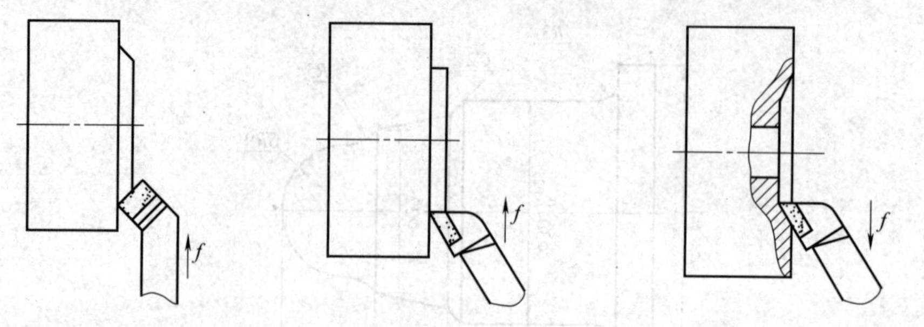

(a) 45°偏刀车削端面　(b) 端面车刀车削端面(自外向中心走刀)　(c) 右偏刀车削端面(自中心向外走刀)

图 4-53　端面车刀加工示例

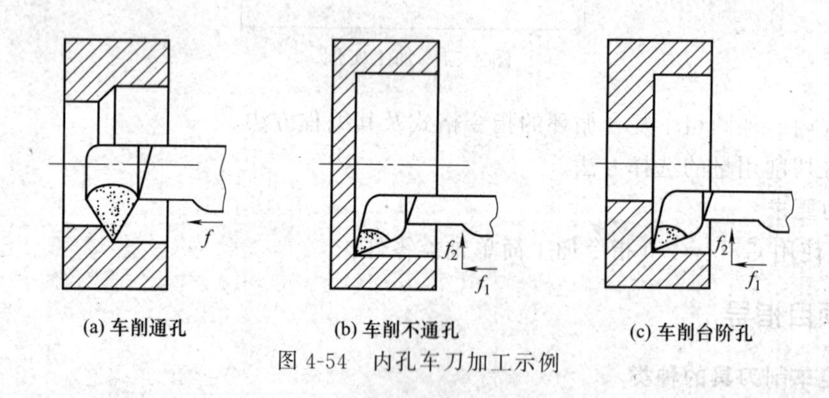

(a) 车削通孔　(b) 车削不通孔　(c) 车削台阶孔

图 4-54　内孔车刀加工示例

断工件和尽量减少工件材料损耗，刀头必须伸出很长且宽度很小，一般为 2～6mm。图 4-55 所示为切槽刀、切断刀加工工件的情形。

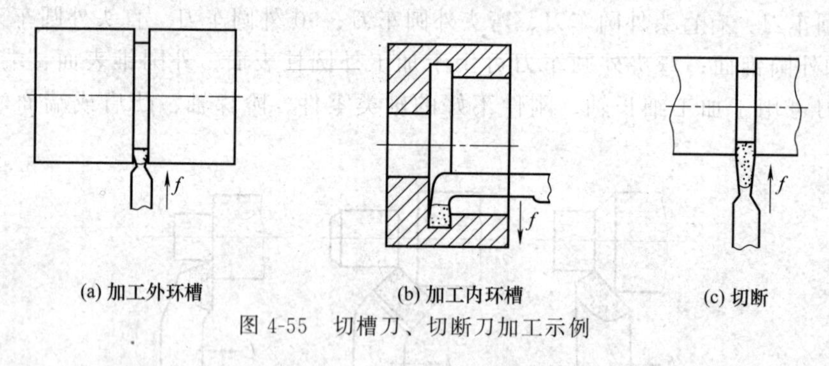

(a) 加工外环槽　(b) 加工内环槽　(c) 切断

图 4-55　切槽刀、切断刀加工示例

⑤ 螺纹车刀　螺纹加工一般使用螺纹车刀，图 4-56 所示为加工普通螺纹、矩形螺纹、梯形螺纹时使用的螺纹车刀。

（2）按结构分类　数控车削刀具按照结构可分为整体式车刀、焊接式车刀、机械夹固式车刀、可转位式车刀。

① 整体式车刀　主要是整体高速钢车刀，它由高速钢刀条按要求磨制而成，如图 4-57 所示。其刀杆截面形状大都为正方形或矩形，俗称“白钢刀”，使用时其刀刃和切削角度可根据不同用途进行修磨。

② 硬质合金焊接式车刀　是将一定形状的硬质合金刀片用铜或其他焊料将刀片钎焊在普通碳钢（通常为 45 钢、55 钢）刀杆上，再经刃磨而成，如图 4-58 所示。焊接式车刀结构简单，制造方便，几何参数刃磨随意，刀片材料利用率高，是目前车刀中应用较广泛的刀具。

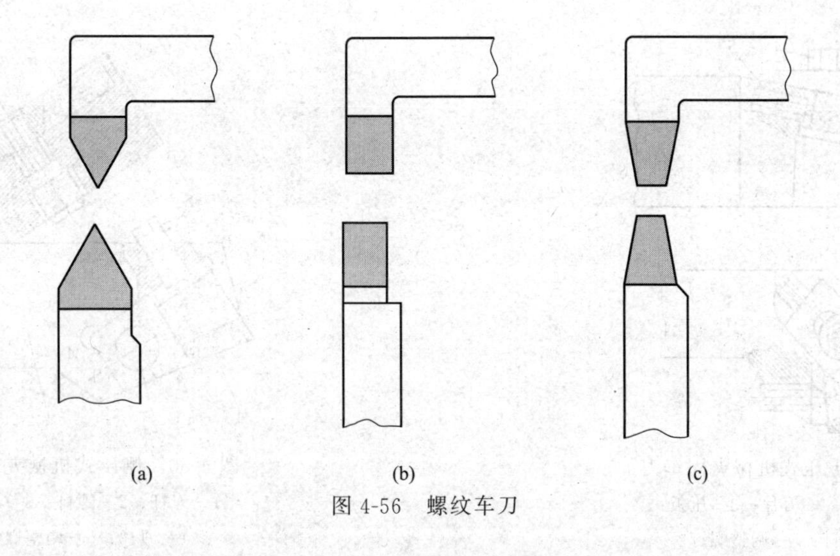

图 4-56 螺纹车刀

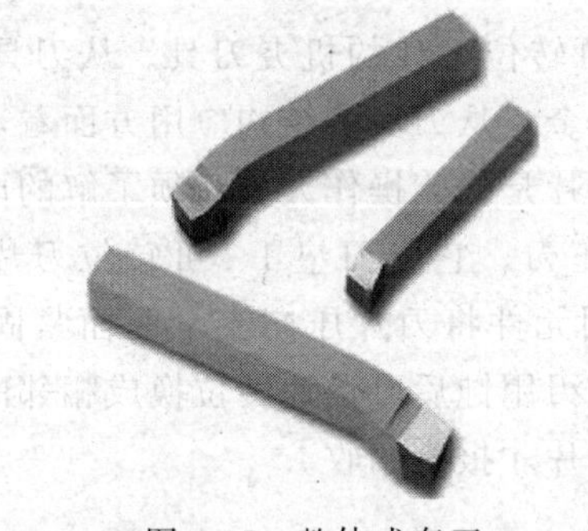
图 4-57 整体式车刀

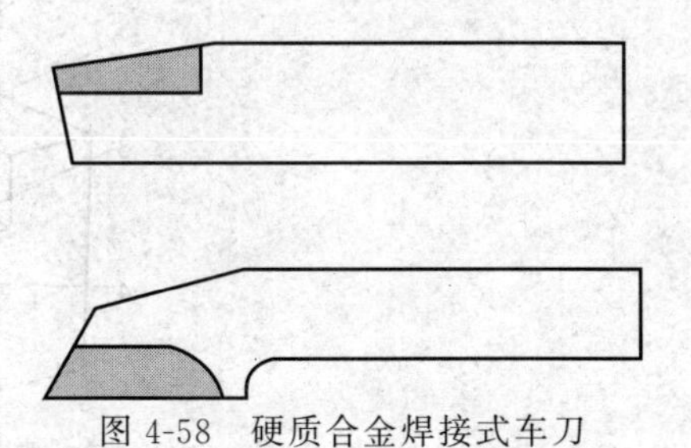
图 4-58 硬质合金焊接式车刀

③ 机械夹固式车刀 是将标准硬质合金刀片用机械夹固的方法安装在刀杆上。刀片的夹紧要求夹固可靠、结构简单，刀片便于调整。刀片夹紧的方式较多，夹固方法可归类为上压式和侧压式两种。

上压式机械夹固车刀如图 4-59 所示，其结构简单，夹固可靠，刀片调整使用方便，是应用最多的机夹结构。其压板除压紧刀片外还起断屑器的作用，根据所切削材料的不同，压板的前后位置可调，以扩大其断屑范围。上压式机械夹固车刀一般可将刀片安装出所需前角，重磨时仅磨后刀面，从而可大大减少刃磨工作量。

侧压式机械夹固车刀如图 4-60 所示，利用刀片本身的斜面由楔块和螺钉从刀片侧面夹紧。根据刀片安放的不同，有刀片平式安装和刀片立式安装两种，这两种结构的车刀一般都是刃磨前刀面，车刀重磨后都可通过调整螺钉来调整刀片的伸出位置。

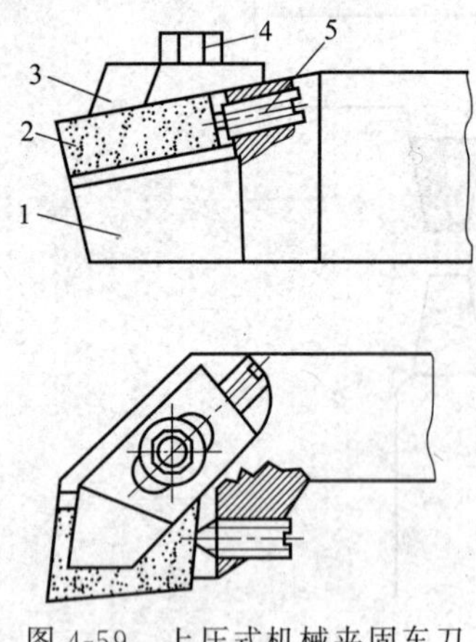

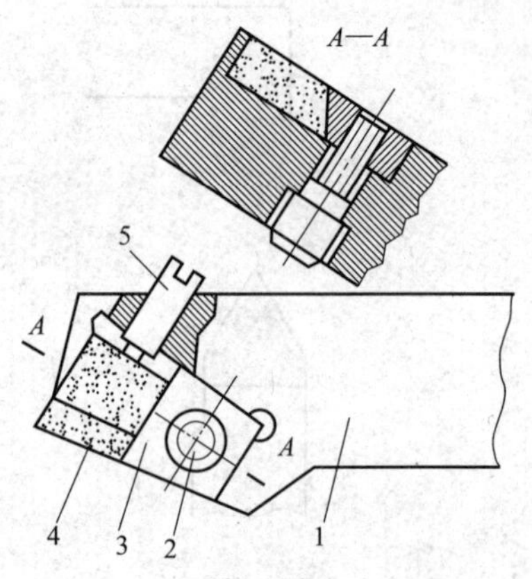

图 4-59 上压式机械夹固车刀

1—刀杆；2—刀片；3—压板；4—螺钉；5—调整螺钉

图 4-60 侧压式机械夹固车刀

1—刀杆；2—螺钉；3—压板；4—刀片；5—调整螺钉

④ 可转位式车刀 是使用可转位刀片的机夹刀具。从刀具材料应用方面来看，数控机床用刀具材料主要是各种硬质合金。从刀具的结构应用方面看，数控机床主要采用机夹可转位刀片的刀具。因此，可转位刀片是机床操作人员必须了解的内容之一。

图 4-61 所示为机夹可转位车刀。它由刀垫 1、可转位刀片 2、夹固元件 3 和刀杆 4 组成，其内部结构见图 4-62。夹固元件将刀片压向支承面而紧固，车刀的前、后角靠刀片在刀杆槽中安装后获得。一条切削刃用钝后可迅速转位换成相邻的新切削刃继续切削，直到刀片上所有的切削刃均已用钝，刀片才报废回收。

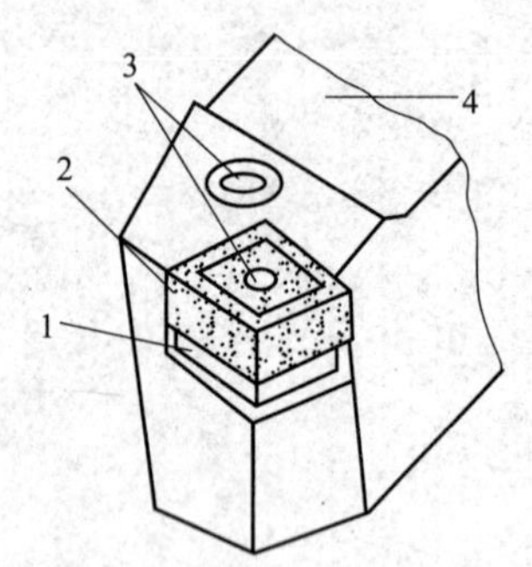

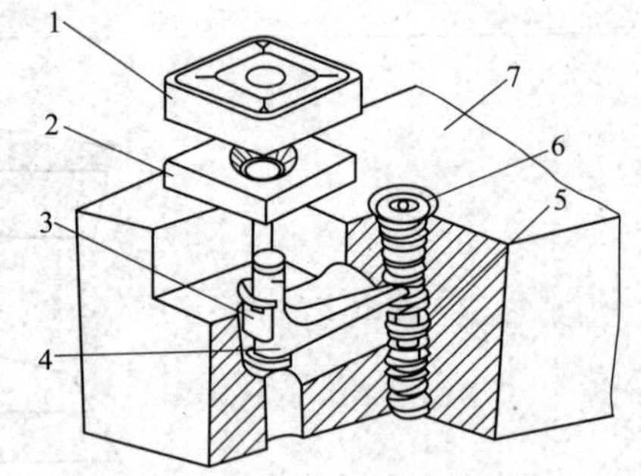

图 4-61 机夹可转位车刀

1—刀垫；2—刀片；3—夹固元件；4—刀杆

图 4-62 机夹可转位车刀内部结构

1—刀片；2—刀垫；3—卡簧；4—杠杆；5—弹簧；6—螺钉；7—刀杆

2. 刀尖圆弧半径补偿

(1) 刀尖圆弧半径补偿的意义 在切削加工中，为了提高刀尖强度，降低加工表面粗糙度，车刀刀尖处通常是一圆弧过渡刃，且有一定的半径值。因此，实际上真正的刀尖是不存在的，这里所说的刀尖只是一“假想刀尖”而已。但是，在编程时是根据理论刀尖（假想刀尖）来进行计算的，如图 4-63 所示的刀尖点。

在实际切削加工时，当加工与坐标轴平行的圆柱面和端面轮廓时，刀尖圆弧并不影响其尺寸和形状，只是可能在起点与终点处造成欠切，这可采用分别加导入、导出切削段的方法解决。但当加工锥面、圆弧等非坐标方向轮廓时，可能会造成切削加工不足（欠切）或切削过量（过切）的现象。如图 4-64 所示为切削时由于刀尖圆弧的存在所引起的加工误差。

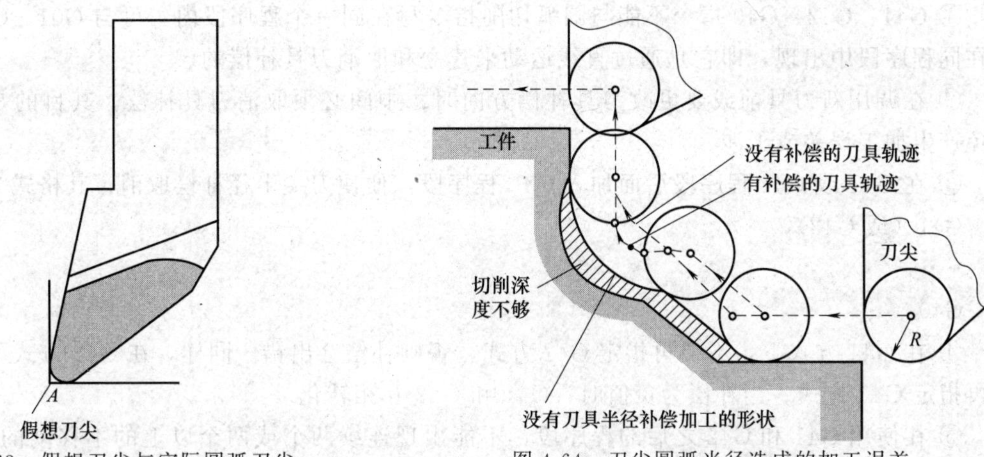

图 4-63　假想刀尖与实际圆弧刀尖　　　　图 4-64　刀尖圆弧半径造成的加工误差

(2) 刀尖圆弧半径补偿指令　刀尖圆弧半径补偿是通过 G41、G42、G40 代码及 T 代码指定的刀尖圆弧半径补偿号，加入或取消半径补偿。

格式：

G41　G00/G01　X＿　Z＿　F＿；

G42　G00/G01　X＿　Z＿　F＿；

G40　G00/G01　X＿　Z＿　F＿；

其中，G41、G42 分别为刀具半径左补偿和刀具半径右补偿，G40 为取消刀具半径补偿。G41 和 G42 指令的判断方法如下：从垂直于加工平面坐标轴的正方向朝负方向看过去，沿着刀具运动方向（假设工件不动）看，刀具位于工件左侧的补偿为刀具半径左补偿，用 G41 指令表示；相反，刀具位于工件右侧的补偿为刀具半径右补偿，用 G42 指令表示。

对于数控车床，有后置刀架和前置刀架两种结构，对应的外圆表面加工和孔加工时刀具半径补偿形式分别如图 4-65、图 4-66 所示。

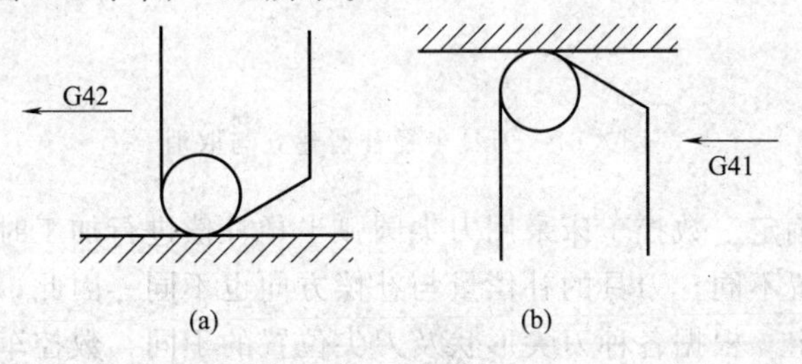

图 4-65　后置刀架刀具半径补偿

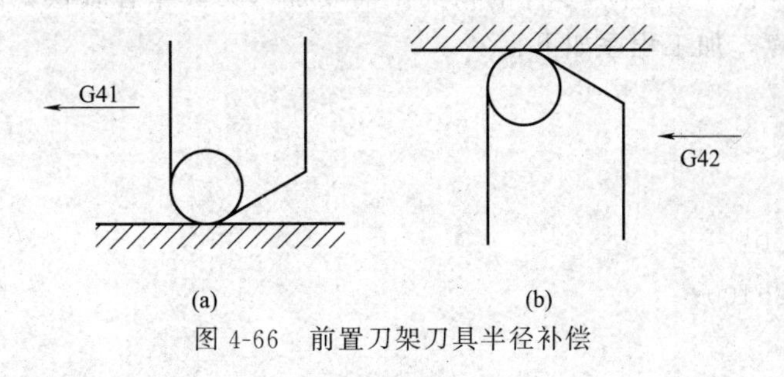

图 4-66　前置刀架刀具半径补偿

使用刀具半径补偿时应注意以下事项。

① G41、G42、G40 指令不能与圆弧切削指令写在同一个程序段内，可与 G01、G00 指令在同程序段中出现，即它是通过直线运动来建立和取消刀具补偿的。

② 在调用新刀具前或要更改刀具补偿方向时，中间必须取消刀具补偿，其目的是为了避免产生加工误差或干涉。

③ 在 G41 或 G42 程序段后面加入 G40 程序段，便使刀尖半径补偿取消，其格式为

G41（或 G42）

……

G40

④ 在 G41 方式下，不要再指定 G42 方式，否则补偿会出错。同样，在 G42 方式下，不要再指定 G41 方式。当补偿为负值时，G41 和 G42 互相转化。

⑤ 在使用 G41 和 G42 之后的程序段，不能出现连续两个或两个以上的不移动的指令，否则 G41 和 G42 会失效。

（3）刀具半径补偿的过程　分为三步：刀补的建立，刀具中心从编程轨迹重合过渡到编程轨迹偏离一个偏移量的过程；刀补的进行，执行 G41 或 G42 指令的程序段后，刀具中心始终与编程轨迹相距一个偏移量；刀补的取消，刀具离开工件，刀具中心轨迹要过渡到与编程重合的过程。图 4-67 所示为刀补建立与取消的过程。

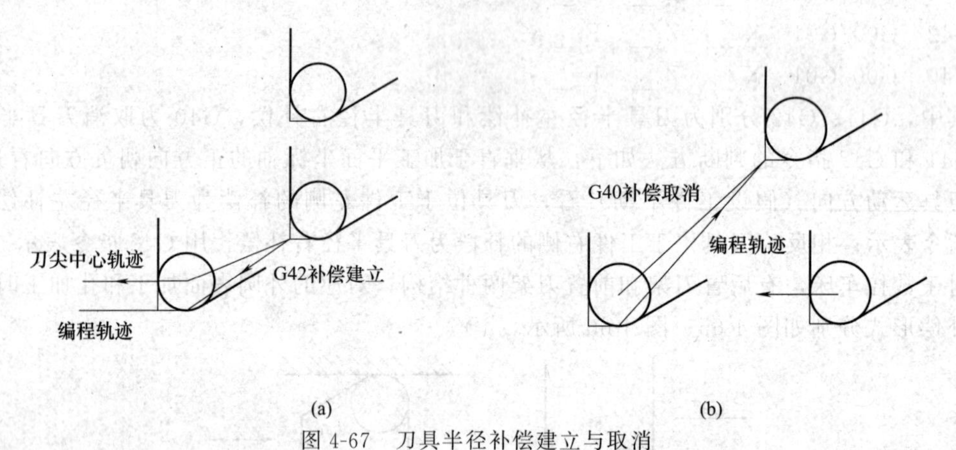

图 4-67　刀具半径补偿建立与取消

（4）刀尖方位的确定　数控车床采用刀尖圆弧半径补偿进行加工时，如果刀具的刀尖形状和切削时所处的位置不同，刀具的补偿量与补偿方向也不同。因此，假想刀尖的方位必须同偏置值一起提前设定。根据各种刀尖形状及刀尖位置的不同，数控车刀假想刀尖的方位共有 9 种，如图 4-68 所示。

（5）编程示例　图 4-69 所示零件的精加工需要加入刀具半径补偿，以工件右端面中心作为工件坐标系原点，加工程序如下：

```
O1000;
T0101;
S1000 M03;
G00 X0.0 Z10.0;
G42 G01 Z0.0 F100;
X40.0;
```

Z－18.0；

X80.0；

G40 G00 X85.0 Z10.0；

M05；

M30；

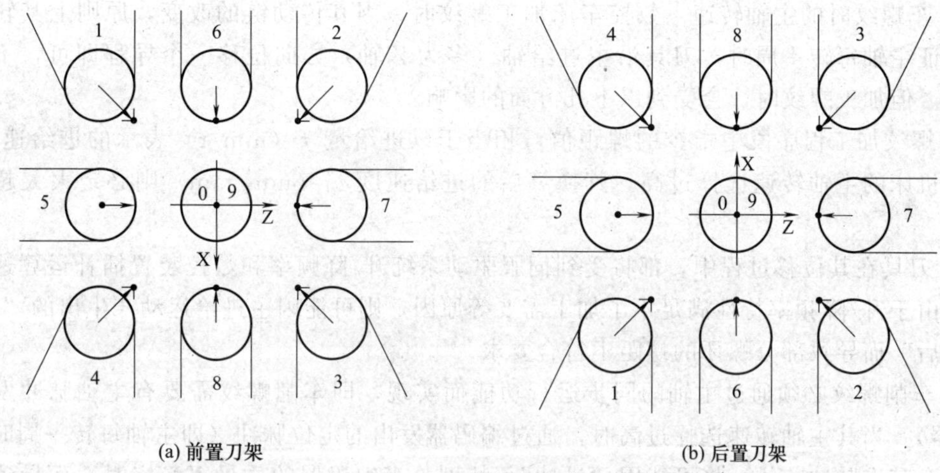

图 4-68　车刀假想刀尖方向号

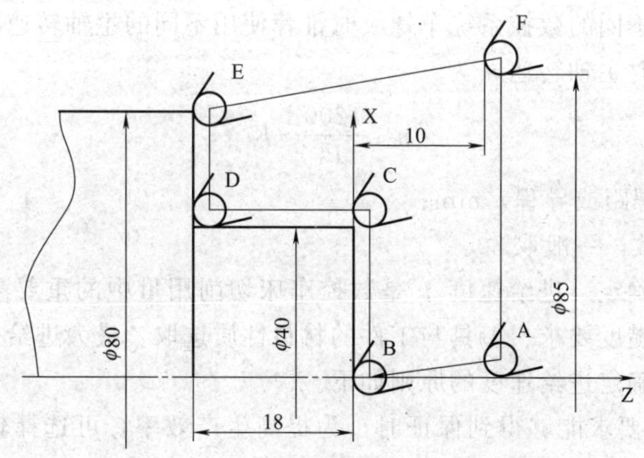

图 4-69　刀具半径补偿指令应用示例

3. 切削用量的选择

数控车削加工编程时，编程人员必须确定每道工序的切削用量，并以指令的形式写入程序中。切削用量包括背吃刀量、主轴转速和进给速度等。对于不同的加工方法，需要选用不同的切削用量。切削用量的选择原则是：保证工件加工精度和表面粗糙度，充分发挥刀具切削性能，保证合理的刀具使用寿命，并充分发挥机床的性能，最大限度地提高生产率，降低成本。

(1) 背吃刀量的确定　背吃刀量 a_p 根据机床、工件和刀具的刚度来决定，在刚度允许的条件下，应尽可能使背吃刀量等于工件的加工余量，这样可以减少进给次数，提高生产率。当工件的加工精度要求较高时，则应考虑适当留出精车余量，其所留精车余量一般比普通车削所留余量小，常取 0.2～0.5mm。

（2）主轴转速的确定

① 光车时的主轴转速　车削加工主轴转速 n 应根据允许的切削速度 v_c 及工件直径 d 来选择，按公式 $v_c=n\pi d/1000$ 计算。切削速度单位为 m/min，由刀具的使用寿命决定，计算时可参考切削用量手册选取。对有级变速的车床，必须按车床说明书选择与所计算转速 n 接近的转速。

② 车螺纹时的主轴转速　数控车床加工螺纹时，因其传动链的改变，原则上其转速只要能保证主轴每转一周时，刀具沿主进给轴（多为 Z 轴）方向位移一个导程即可，不应受到限制。但加工螺纹时，会受到以下几方面的影响。

a. 螺纹加工程序段中指令的螺距值，相当于以进给量 f（mm/r）表示的进给速度 F，如果将机床的主轴转速选择过高，其换算后的进给速度 v_f（mm/min）则必定大大超过正常值。

b. 刀具在其位移过程中，都将受到伺服驱动系统升/降频率和数控装置插补运算速度的约束，由于升/降频率特性满足不了加工需要等原因，则可能因主进给运动产生出的“超前”和“滞后”而导致部分螺牙的螺距不符合要求。

c. 车削螺纹必须通过主轴的同步运行功能而实现，即车削螺纹需要有主轴脉冲发生器（编码器）。当其主轴转速选择过高时，通过编码器发出的定位脉冲（即主轴每转一周时所发出的一个基准脉冲信号）将可能因“过冲”（特别是当编码器的质量不稳定时）而导致工件螺纹产生乱纹（俗称“烂牙”）。

鉴于上述原因，不同的数控系统车螺纹时推荐使用不同的主轴转速范围。大多数经济型数控车床推荐车螺纹时主轴转速 n 为

$$n\leqslant\frac{1200}{P}-K$$

式中　P——螺纹的螺距或导程，mm；

　　　K——保险系数，一般取 80。

（3）进给速度的确定　进给速度 f 是数控车床切削用量中的重要参数，主要根据工件的加工精度、表面粗糙度要求、刀具与工件的材料性质选取。最大进给速度受机床刚度和进给系统的性能限制。确定进给速度的原则如下。

① 当工件的质量要求能够得到保证时，为提高生产效率，可选择较高的进给速度。一般在 100～200mm/min 范围内选取。

② 在切断、车削深孔或用高速钢刀具车削时，宜选择较低的进给速度，一般在 20～50mm/min 范围内选取。

③ 当加工精度、表面粗糙度要求较高的工件时，进给速度应选小些，一般在 20～50mm/min 范围内选取。

④ 刀具空行程，特别是远距离“回零”时，可以设定该机床数控系统所允许的最高进给速度。

⑤ 进给速度应与主轴转速和背吃量相适应。

（4）切削用量的选择原则　以上切削用量的选择是否合理，对于能否充分发挥机床潜力与刀具的切削性能，实现优质、高产、低成本和安全操作具有很重要的作用。切削用量的选用原则如下。

① 粗车时，首先考虑选择一个尽可能大的背吃刀量 a_p，其次选择一个较大的进给量 f，

最后确定一个合适的切削速度 v_c。增大背吃刀量 a_p 可使进给次数减少，增大进给量有利于断屑，因此根据以上原则选择粗车切削量对于提高生产效率、减少刀具消耗、降低成本是有利的。

② 精车时，加工精度和表面粗糙度要求较高，加工余量不大均匀，因此选择较小的背吃刀量和进给量，并选用切削性能好的刀具材料和合理的几何参数，以尽可能提高切削速度。

③ 在安排粗、精车切削用量时，应注意机床说明书给定的允许范围。对于主轴采用交流变频调速的数控车床，由于主轴在低速时转矩降低，尤其应注意此时的切削用量选择。

4. 内、外圆粗车复合循环指令 G71

当工件的形状较复杂，如有台阶、锥度、圆弧等，如果仍使用基本指令 G00、G01 或循环切削指令 G90 等，粗车时为了考虑精车余量，在计算粗车的坐标点时可能会很繁琐，程序较长，易出错。如果使用内、外圆粗车复合循环指令，只需依指令格式设定粗车时每次的切削深度、精车余量、进给量等参数，并在程序中给出精车时的加工路线，则 CNC 控制器即可自动计算出粗车的刀具路径，自动进行粗加工，因此在编程时可节省很多时间。

格式：

G71 U(Δd) R(e)；

G71 P(ns) Q(nf) U(Δu) W(Δw) F_ S_ T_；

式中 Δd——粗加工时每次切削的背吃刀量，以半径值表示；

e——每次切削结束时的退刀量；

ns——精加工程序的第一个程序段顺序号；

nf——精加工程序的最后一个程序段顺序号；

Δu——X 方向上的精加工余量；

Δw——Z 方向上的精加工余量；

F、S、T——粗加工的切削用量及使用的刀具。

图 4-70 所示为 G71 复合循环的加工进给路线。刀具从循环起点 A 开始，快速退至 C 点，退刀量由 Δw 和 Δu/2 确定；再快速沿 X 方向进给 Δd 深度，按照 G01 切削加工，然后沿 45°方向快速退刀，X 方向退刀量为 e，再沿 Z 方向快速退刀，第一次切削加工结束；再沿 X 方向进行第二次切削加工，进给量为 e+Δd，如此循环直至粗车结束；再进行平行于精加工表面的半精加工，刀具沿精加工表面分别留 Δw 和 Δu/2 的加工余量。半精加工完成后，刀具快速退至循环起点，结束粗车循环所有动作。

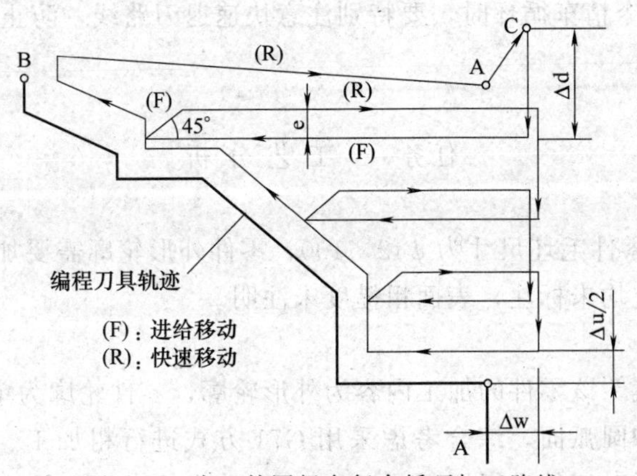

图 4-70 内、外圆粗车复合循环加工路线

说明：

① 指令中的F、S值是指粗加工的F、S值，该值一经指定，则在程序段号“ns”、“nf”之间的所有F、S值无效；该值在指令中也可以不加以指定，这时就是沿用前面程序段中的F、S值，并可沿用至粗、精加工结束后的程序中去。

② 在FANUC 0i系统中，粗加工循环有两种类型，即类型Ⅰ和类型Ⅱ，FANUC 0i Mate TB使用的是类型Ⅰ。通常情况下类型Ⅰ的粗加工循环中，轮廓外形必须采用单调递增或单调递减的形式，否则凹形轮廓不是分层切削，而是在半精车时一次性进行切削加工，导致背吃刀量过大而损坏刀具。

③ 循环中的第一个程序段即顺序号为“ns”的程序段必须沿着X轴方向进刀，且不能出现Z轴方向的运动指令，否则会出现程序报警。如“G00 X10.0”正确，而“G00 X10.0 Z1.0”错误。

④ 精车循环指令G70应用场合：用G71指令粗车完毕后，可用G70指令进行精加工。

⑤ 循环起点的确定：G71指令粗车循环起点的确定主要考虑毛坯的加工余量、进刀路线、退刀路线等。一般选择在毛坯轮廓外1～2mm、距端面1～2mm即可，不宜太远，以减少空行程，提高加工效率。

⑥“ns”至“nf”程序段中不能调用子程序。

⑦ G71指令循环时可以进行刀具位置补偿，但不能进行刀尖半径补偿。因此在G71指令前必须用G40指令取消原有的刀尖半径补偿。在“ns”至“nf”程序段中可以含有G41、G42指令，对工件精车轨迹进行刀尖半径补偿。

5. 精车循环指令G70

当用G71指令粗车工件后，用G70指令来指定精加工循环，切除粗加工后留下的精加工余量。

格式：

G70 P(ns) Q(nf)；

式中 ns——精车循环的第一个程序段顺序号；

nf——精车循环的最后一个程序段顺序号。

说明：

① 在精车循环指令G70状态下，“ns”至“nf”程序中指定的F、S、T有效；如果“ns”至“nf”程序中不指定F、S、T，则粗车循环中指定的F、S、T有效。

② 在使用G70指令精车循环时，要特别注意快速退刀路线，防止刀具与工件发生干涉。

四、项目实施

任务一 工艺分析

1. 零件图样分析

如图4-51所示，零件毛坯尺寸为$\phi42\times100$，零件外形轮廓需要加工，其中$\phi30$精度要求较高，其余尺寸公差均未标注，表面粗糙度未注明。

2. 制定加工工艺

(1) 确定加工方案 该零件的加工内容为外形轮廓，零件轮廓为单调递增，且外形轮廓包含圆柱面、圆锥面和圆弧面，综合考虑采用G71方式进行粗加工、半精加工，采用G70方式进行精加工，最后对工件进行切断。

（2）确定装夹方案　根据毛坯形状，采用三爪自定心卡盘进行装夹。

（3）选择刀具　1号刀为90°外圆车刀，对零件进行粗车和精车；2号刀为切断刀（刀宽4mm），对工件进行切断。

（4）切削用量选择

① 外轮廓加工。

粗加工：$n=400\text{r/min}$，$f=0.2\text{mm/r}$，$a_p=1.5\text{mm}$（半径值）。

精加工：$n=600\text{r/min}$，$f=0.1\text{mm/r}$，$a_p=0.5\text{mm}$（半径值）。

② 工件切断。

$n=400\text{r/min}$，$f=0.1\text{mm/r}$。

（5）加工工序

① 粗车、半精车外圆轮廓。

② 精车外圆轮廓。

③ 检验、切断。

任务二　程序编制

1. 工件坐标系的确定

为计算方便，工件坐标系原点设定在工件端面与轴线的交点处。采用试切法进行对刀，确定工件坐标系原点O。

2. 编程点坐标的确定

根据零件图样确定各基点的坐标值。

3. 编写加工程序

该零件采用FANUC数控系统的指令与规则编写加工程序，具体见表4-9。

表4-9　外圆粗车复合循环加工程序

程序	说明
O5001；	程序名
G54 G40 G99；	程序初始化
T0101；	选1号刀1号刀补
S400 M03；	主轴正转，转速400r/min
G00 X100.0 Z100.0；	定位至换刀点
G00 X45.0 Z5.0；	定位至粗车循环起点
G71 U1.5 R1.0；	外圆粗车循环，粗车背吃刀量1.5mm，退刀量1.0mm
G71 P10 Q20 U0.5 W0.2 F0.2；	精车路线由N10～N20指定，精车余量为X向0.5mm，Z向0.2mm
N10 G00 X0.0；	
G01 Z0.0；	
G03 X18.0 Z−9.0 R9.0；	
G02 X22.0 Z−13.0 R5.0；	
G01 X26.0 Z−23.0；	
X30.0 Z−25.0；	
Z−43.0；	
G02 X36.0 Z−46.0 R3.0；	
G01 X40.0；	
Z−56.0；	
N20 X45.0；	
G70 P10 Q20 S600 F0.1；	精车
G00 X100.0 Z100.0；	返回至换刀点
M05；	
M30；	程序结束

任务三 机床操作

1. 加工准备

① 阅读零件图样，检查坯料尺寸。

② 开机，机床回零操作。

③ 输入程序并检查程序正确性。

④ 装夹工件。夹毛坯外圆，伸出卡盘70mm。

⑤ 准备刀具。将90°外圆车刀安装在1号刀位上，切断刀安装在2号刀位上。

2. 对刀，设定工件坐标系

(1) X方向对刀 试切工件外圆表面，沿Z轴正方向退出，测量外圆表面直径，并将直径值输入系统相应位置。

(2) Z方向对刀 车工件右端面，沿X轴正方向退出，将“Z0”输入系统相应位置。

3. 程序校验

利用数控机床图形显示功能进行校验，也可采用数控加工仿真软件进行。在数控编程中，程序校验推荐采用数控仿真软件进行。

4. 自动加工

启动程序进行自动加工，并根据加工情况使用主轴、进给速度倍率开关适当调整切削速度、进给速度。

5. 尺寸测量

自动加工结束后，按图样要求对工件进行检测，并进行误差及质量分析。

6. 结束加工

松开夹具，卸下工件，清理机床，关闭数控系统电源，关闭机床总电源。

任务四 质量检测

具体见表4-10。

表4-10 评分表

项目比重	序号	技术要求	配分	评分标准	检测记录	得分
工艺与程序(30分)	1	程序格式规范	5	不规范每处扣2分		
	2	程序正确完整	10	每错一处扣5分		
	3	工艺过程规范、合理	10	不合理每处扣5分		
	4	切削用量合理	5	不合理每处扣5分		
机床操作(20分)	5	工件、刀具选择安装正确	5	不正确每处扣5分		
	6	对刀及坐标系设定正确	5	不正确每处扣2分		
	7	机床操作规范	5	不规范每处扣2分		
	8	工件加工不出错	5	出错全扣		
工件质量(15分)	9	尺寸精度符合要求	10	不合格每处扣2分		
	10	表面粗糙度符合要求	5	不合格每处扣2分		
文明生产(15分)	11	安全操作	10	出错全扣		
	12	机床清理	5	不合格全扣		
相关知识及职业能力(20分)	13	数控加工知识	10	提问		
	14	表达沟通能力	10	根据学生的实际情况酌情给0～10分		
		合作能力				
		创新能力				

项目六　简单轴类零件的加工（二）

一、项目描述

如图 4-71 所示，工件毛坯尺寸为 $\phi 35 \times 80$，材料为 45 钢，试编写零件的加工程序并进行加工。

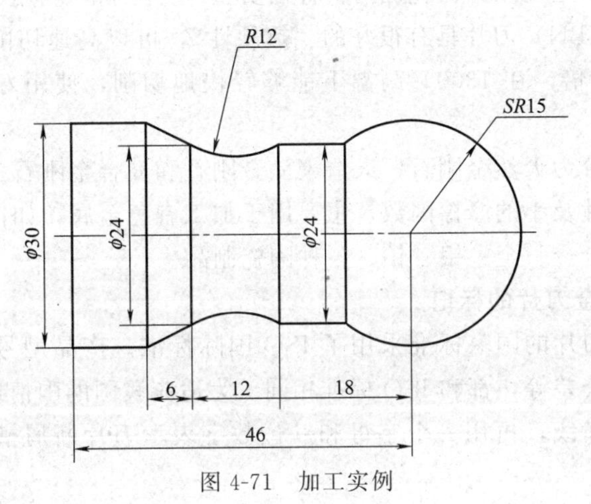

图 4-71　加工实例

二、项目要求

1. 知识要求

① 了解数控加工常用刀具材料。

② 了解常用数控车床机夹车刀及其刀片的选择方法。

③ 掌握仿形粗车复合循环的指令格式及其编程方法。

2. 能力要求

① 能正确使用 G73 指令加工简单轴类零件。

② 能合理选择数控车床的刀具。

三、项目指导

1. 刀具材料

刀具材料是指刀具切削部分的材料。金属切削时，刀具切削部分直接与工件及切屑相接触，承受着很大的切削力和冲击，并受到工件和切屑的剧烈摩擦，产生很高的切削温度。因此，刀具材料应具备高硬度、足够的强度和韧性、高的耐磨性和耐热性等基本性能。目前，金属切削工艺中应用的刀具材料主要有高速钢、硬质合金、陶瓷、立方氮化硼和金刚石。

（1）高速钢　强度、韧性均较好，刀刃比较锋利，但耐热性能较低，在 600℃左右。主要用于各种成形刀具，钻头、铰刀和螺纹加工刀具。常用的牌号有 W18Cr4V。

（2）硬质合金　是目前应用较为广泛的一种刀具材料，其主要特点是硬度高，耐热性好，可在 1000℃左右工作，主要缺点是韧性较差。随着细颗粒、超细颗粒硬质合金材料的开发，这一缺陷得到了显著改善，用它制造的整体硬质合金刀具可替代传统的高速钢刀具，使切削速度和加工效率得到了大幅度提高。

硬质合金的牌号主要分三类：钨钴类（YG 类）、钨钴钛类（YT 类）、通用硬质合金（YW 类）。它们分别适用于加工脆性材料（如铸铁）、塑性材料（如各种退火钢）、难加工材料（如不锈钢）。

（3）陶瓷　是以 Al_2O_3 或以 Si_3N_4 为基体再添加少量的金属，在高温下烧结而成的一种刀具材料。其硬度可达 91～95HRA，耐磨性比硬质合金高十几倍，适用于加工冷硬铸铁和淬火钢。陶瓷刀具最大的缺点是脆性大、抗弯强度和冲击韧性低。

（4）立方氮化硼　是用六方氮化硼（俗称白石墨）为原料，利用超高温、高压技术转化而成。立方氮化硼（CBN）刀片具有很好的“热硬性”，可以高速切削高温合金，切削速度要比硬质合金高 3～5 倍，在 1300℃高温下能够轻快地切削，使用寿命是硬质合金刀片的 20～200 倍。

（5）金刚石　可分为天然金刚石、人造聚晶金刚石和复合金刚石三类。金刚石具有极高的硬度、良好的导热性及小的摩擦因数，主要用于加工有色金属，如铝合金、铜合金、镁合金等，也用于加工钛合金、金、银、铂、各种陶瓷制品。

2. 可转位硬质合金刀片的标记

硬质合金可转位刀片的国家标准采用了 ISO 国际标准。产品型号的表示方法、品种规格、尺寸系列、制造公差等，都和 ISO 标准相同。为适应我国的国情还在国际标准规定的 9 个号位之后，加一短横线，再用一个字母和一位数字表示刀片断屑槽形式和宽度，其排列如下：

1	2	3	4	5	6	7	8	9	-	10

按照规定，任何一个型号刀片都必须用前七个号位，后三个号位在必要时才使用。但对于车刀刀片，第十号位属于标准要求标注的部分。不论有无第八、九号位，第十号位都必须用短横线“-”与前面号位隔开，并且其字母不得使用第八、九号位已使用过的字母。第八、九号位如只使用其中一位，则写在第八号位上，中间不需空格。每一号位代表的含义说明如

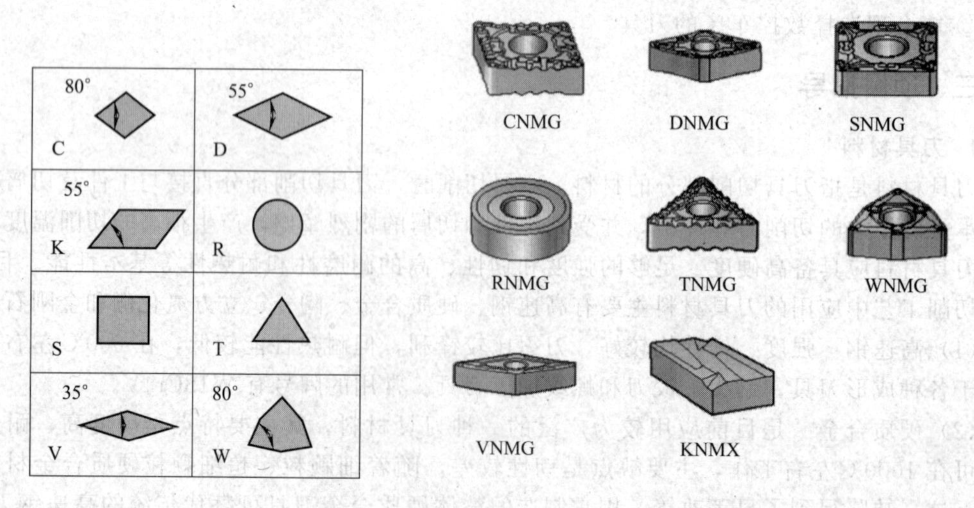

图 4-72　刀片形状

下：第 1 位表示刀片形状（图 4-72）；第 2 位表示刀片主切削刃法向后角大小，用一个英文字母代表（图 4-73）；第 3 位表示刀片尺寸精度，用一个英文字母代表（图 4-74）；第 4 位表

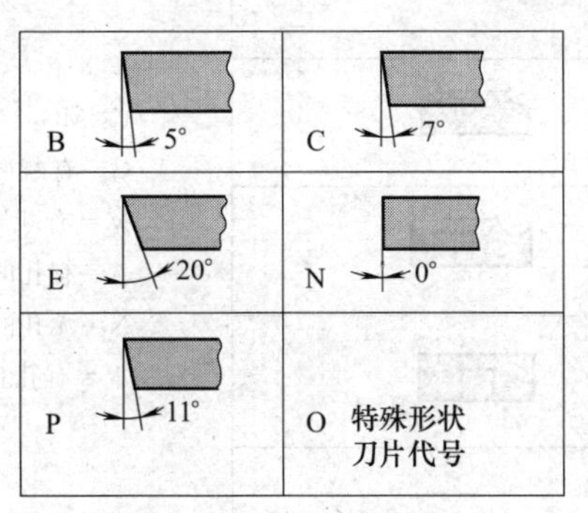

图 4-73　刀片后角

公差(包括刀片的厚度、宽度和内切圆公差)

等级	s	ic/iw
G M U	±0.13	±0.025 ±0.05～±0.15① ±0.08～±0.25①

①不同内切圆ic公差等级如下：

内切圆 ic/mm	公差等级 M	公差等级 U
3.97 5.0 5.56 6.0 6.35 8.0 9.525 10.0	±0.05	±0.08
12.0 12.7	±0.08	±0.13
15.875 16.0 19.05 20.0	±0.10	±0.18
25.0 25.4	±0.13	±0.25
31.75 32.0	±0.15	±0.25

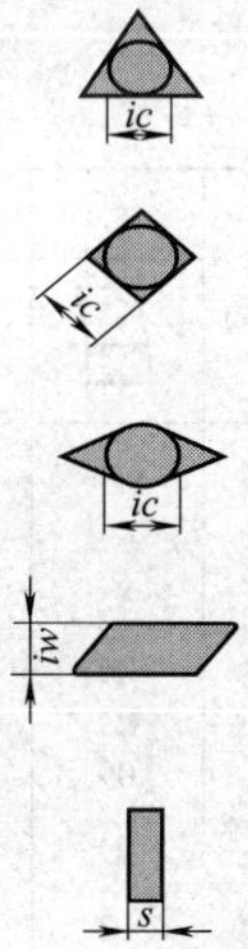

对正前角刀片，ic对锋利的刀尖角是有效的，见切削刃形状F

图 4-74　刀片尺寸精度

示刀片固定方式及有无断屑槽，用一个英文字母代表（图 4-75）；第 5 位表示刀片主切削刃长度，用两位数字代表（图 4-76）；第 6 位表示刀片厚度，主切削刃到刀片定位底面的距离，用两位数字或一个英文字母和一个数字代表（图 4-77）；第 7 位表示刀尖圆角半径或刀尖转角形状，用两位数字或一个英文字母和一个数字代表（图 4-78）；第 8 位表示刀片切削刃形状，用一个英文字母代表（图 4-79）；第 9 位表示刀片切削方向，用一个英文字母代表（图 4-80）；第 10 位在国家标准中表示刀片断屑槽形式及槽宽，分别用一个英文字母和一个阿拉伯数字代表；在 ISO 编码中，是留给刀片厂家备用号位，常用来标刀片断屑槽型代码或代号。

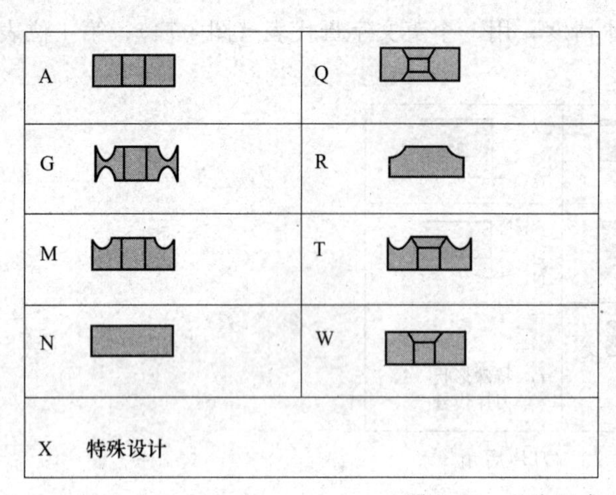

CNMG

G=有断屑槽的双面刀片

M=有断屑槽的单面刀片

A=有孔的平面刀片

N=无孔的平面刀片

W=有孔且以螺钉夹紧的平面刀片

图 4-75 刀片型式

刀片尺寸=切削刃长度

ic /mm	*ic* /in	C	D	R	S	T	V	W	K
3.97	5/32″					06			
5.0				05					
5.56	7/32″					09			
6.0				06					
6.35	1/4″	06	07			11	11		
8.0				08					
9.525	3/8″	09	11	09	09	16	16	06	16*
10.0				10					
12.0				12					
12.7	1/2″	12	15	12	12	22	22	08	
15.875	5/8″	16		15	15	27			
16.0				16					
19.05	3/4″	19		19	19	33			
20.0				20					
25.0				25					
25.4	1″	25		25	25				
31.75				31					
32				32					

*对于K型刀片(包括KNMX，KNUX)，这里仅注出理论上的切削刃长度

图 4-76 刀片主切削刃长度

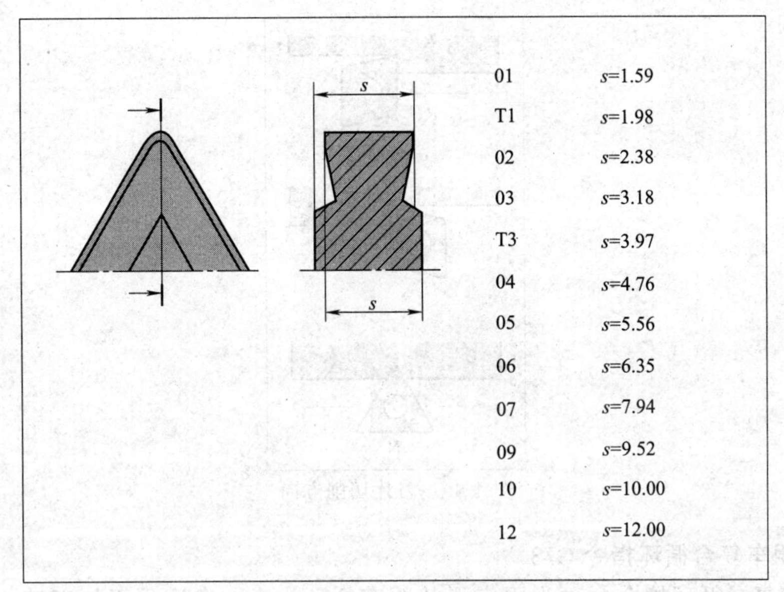

图 4-77 刀片厚度

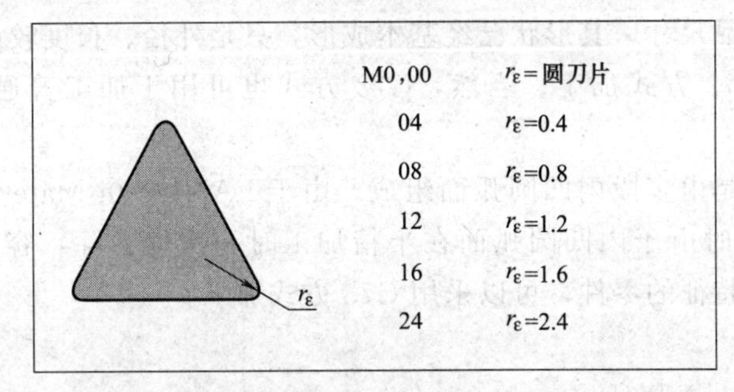

图 4-78 刀尖圆弧半径

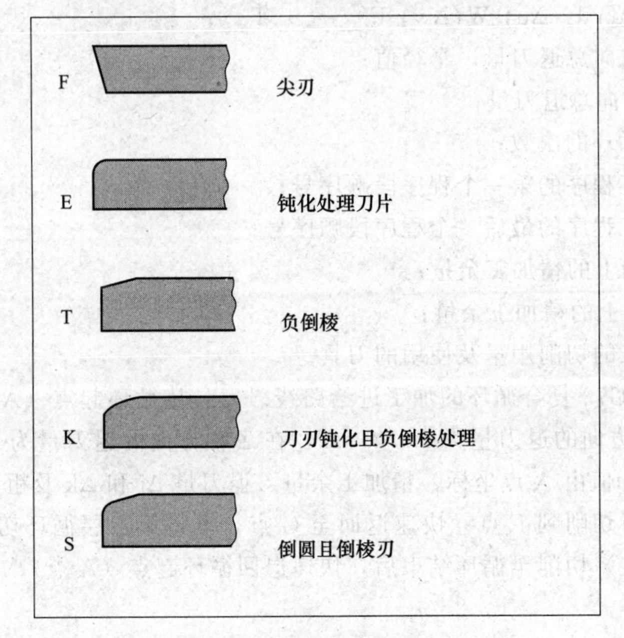

图 4-79 刀片切削刃形状

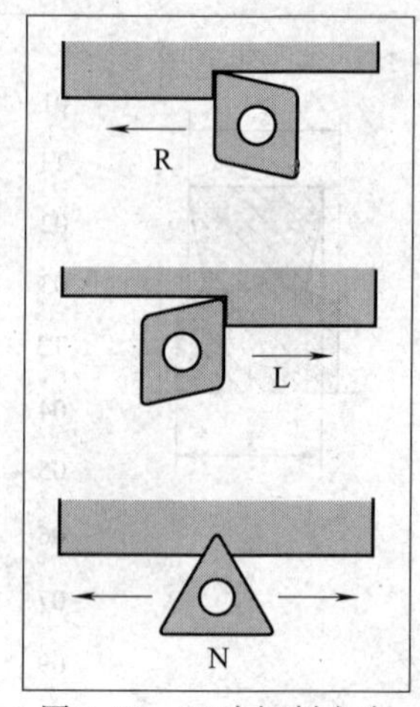

图 4-80　刀片切削方向

3. 仿形粗车复合循环指令 G73

仿形粗车复合循环指令也称为固定形状粗车循环指令，它适用于加工铸、锻件毛坯零件。某些轴类零件为节约材料，提高工件的力学性能，往往采用铸造、锻造等方法使零件毛坯尺寸接近工件的成品尺寸，其形状已经基本成形，只是外径、长度较成品大一些。此类零件的加工适合采用 G73 方式加工。当然，G73 方式也可用于加工普通未切除余料的棒料毛坯。

如果被加工零件是由多段内凹圆弧面组成，由于 FANUC 0i Mate TB 系统使用Ⅰ类循环，因此用 G71 加工时由于内凹圆弧面在半精加工时一次性去除，容易引起打刀等事故。因此，对于具有上述特征的零件，可以采用 G73 方式加工。

格式：

G73 U(Δi) W（Δk）R(d)；

G73 P(ns) Q(nf) U(Δu) W(Δw) F＿ S＿ T＿；

式中　Δi——X 轴方向总退刀量，半径值；

Δk——Z 轴方向总退刀量；

d——粗切循环的次数；

ns——精加工程序的第一个程序段顺序号；

nf——精加工程序的最后一个程序段顺序号；

Δu——X 方向上的精加工余量；

Δw——Z 方向上的精加工余量；

F、S、T——粗加工的切削用量及使用的刀具。

图 4-81 所示为 G73 复合循环的加工进给路线。刀具从循环起点（A 点）开始，快速退刀至 D 点（在 X 轴方向的退刀量为 Δu/2＋Δi，在 Z 轴方向的退刀量为 Δw＋Δk)；快速进刀至 E 点（E 点坐标值由 A 点坐标、精加工余量、退刀量 Δi 和 Δk 及粗切次数确定)；沿轮廓偏移一定值后进行切削到 F 点；快速返回至 G 点，准备第二层循环切削；如此分层（分层次数由参数 d 确定）切削至循环结束后，快速退回循环起点（A 点)。

说明：

① G73 程序段中，“ns” 所指程序段可以向 X 轴或 Z 轴的任意方向进刀。

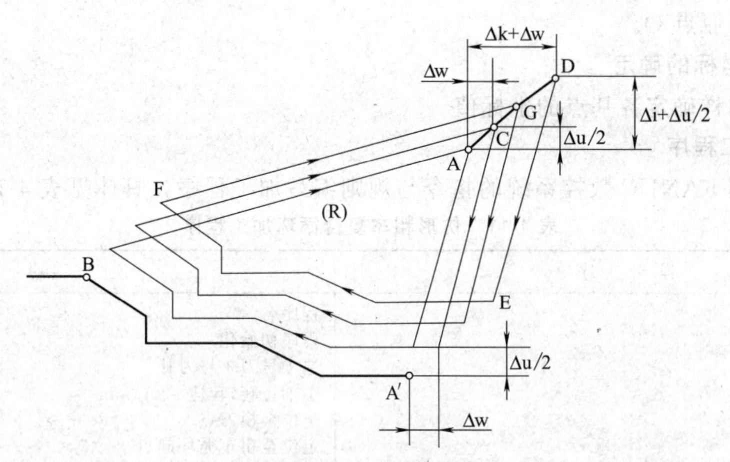

图 4-81 仿形粗车复合循环加工路线

② G73 循环加工的轮廓形状，没有单调递增或单调递减形式的限制。

③ 在执行 G73 循环时，只有在 G73 指令的程序段中 F、S、T 才是效的，在调用的程序段“ns”至“nf”之间编入的 F、S、T 功能将被全部忽略。相反，在执行 G70 精车循环时，在 G73 程序段中指令的 F、S、T 功能无效，这时的 F、S、T 值决定于程序段“ns”至“nf”之间编入的 F、S、T 功能。

四、项目实施

任务一 工 艺 分 析

1. 零件图样分析

如图 4-71 所示，零件毛坯尺寸为 $\phi35\times80$，加工内容为零件的外形轮廓，尺寸标注完整，尺寸公差未标注，表面粗糙度也未注明，可按一般条件加工。

2. 制定加工艺

(1) 确定加工方案　该零件直径尺寸相差不大，外形轮廓包含一段内凹圆弧，且零件轮廓非单调递增或递减，可采用 G73 方式进行粗车、半精车，采用 G70 方式进行精车。

(2) 确定装夹方案　该零件毛坯为棒料，以毛坯外圆定位，采用三爪自定心卡盘进行装夹。

(3) 选择刀具　选择 90°外圆车刀，对零件进行粗车和精车。对于带有内凹圆弧的轮廓，在选择外圆车刀时应注意刀具角度的合理选用。为避免零件在加工中发生干涉，选择刀尖角为 35°的菱形刀片。

(4) 切削用量选择

粗加工：$n=600\text{r/min}$，$f=0.2\text{mm/r}$。

精加工：$n=1000\text{r/min}$，$f=0.1\text{mm/r}$。

(5) 加工工序

① 粗车、半精车外圆轮廓。

② 精车外圆轮廓。

任务二 程 序 编 制

1. 工件坐标系的确定

为计算方便，工件坐标系原点设定在工件端面与轴线的交点处。采用试切法进行对刀，确定工件坐标系原点 O。

2. **编程点坐标的确定**

根据零件图样确定各基点的坐标值。

3. **编写加工程序**

该零件采用FANUC数控系统的指令与规则编写加工程序，具体见表4-11。

表4-11 仿形粗车复合循环加工程序

程　　序	说　　明
O6001;	程序名
G54 G40 G99;	程序初始化
T0101;	选1号刀1号刀补
S600 M03;	主轴正转,转速600r/min
G00 X100.0 Z100.0;	定位至换刀点
G00 X40.0 Z5.0;	定位至粗车循环起点
G73 U6.0 W0.0 R6.0;	仿形粗车循环,X轴总退刀量6.0mm,粗切走刀次数6次
G73 P10 Q20 U0.5 W0.2 F0.2;	精车路线由N10～N20指定,精车余量为X向0.5mm,Z向0.2mm
N10 G00 X0.0;	
G01 Z0.0;	
G03 X24.0 Z−24.0 R15.0;	
G01 Z−33.0;	
G02 X24.0 Z−45.0 R12.0;	
G01 X30.0 Z−51.0;	
Z−61.0;	
N20 X40.0;	
G70 P10 Q20 S1000 F0.1;	精车循环
G00 X100.0 Z100.0;	返回至换刀点
M05;	主轴停止
M30;	程序结束

任务三　机床操作

1. **加工准备**

① 阅读零件图样，检查坯料尺寸。

② 开机，机床回零操作。

③ 输入程序并检查程序正确性。

④ 装夹工件。夹毛坯外圆，伸出卡盘70mm。

⑤ 准备刀具。将90°外圆车刀安装在1号刀位上，切断刀安装在2号刀位上。

2. **对刀，设定工件坐标系**

(1) X方向对刀　试切工件外圆表面，沿Z轴正方向退出，测量外圆表面直径，并将直径值输入系统相应位置。

(2) Z方向对刀　车工件右端面，沿X轴正方向退出，将“Z0”输入系统相应位置。

3. **程序校验**

利用数控机床图形显示功能进行校验，也可采用数控加工仿真软件进行。在数控编程中，程序校验推荐采用数控仿真软件进行。

4. **自动加工**

启动程序进行自动加工，并根据加工情况使用主轴、进给速度倍率开关适当调整切削速度、进给速度。

5. **尺寸测量**

自动加工结束后，按图样要求对工件进行检测，并进行误差及质量分析。

6. **结束加工**

松开夹具，卸下工件，清理机床，关闭数控系统电源，关闭机床总电源。

任务四 质量检测

具体见表 4-12。

表 4-12 评分表

项目比重	序号	技术要求	配分	评分标准	检测记录	得分
工艺与程序（25 分）	1	程序格式规范	5	不规范每处扣 2 分		
	2	程序正确完整	10	每错一处扣 5 分		
	3	工艺过程规范、合理	5	不合理每处扣 5 分		
	4	切削用量合理	5	不合理每处扣 5 分		
机床操作（20 分）	5	工件、刀具选择安装正确	5	不正确每处扣 5 分		
	6	对刀及坐标系设定正确	5	不正确每处扣 2 分		
	7	机床操作规范	5	不规范每处扣 2 分		
	8	工件加工不出错	5	出错全扣		
工件质量（15 分）	9	尺寸精度符合要求	10	不合格每处扣 2 分		
	10	表面粗糙度符合要求	5	不合格每处扣 2 分		
文明生产（20 分）	11	安全操作	10	出错全扣		
	12	机床维护与保养	5	不合格全扣		
	13	工作场所整理	5	不合格全扣		
相关知识及职业能力（20 分）	14	数控加工知识	10	提问		
	15	表达沟通能力	10	根据学生的实际情况酌情给 0～10 分		
		合作能力				
		创新能力				

项目七 车槽与切断

一、项目描述

如图 4-82 所示，工件毛坯尺寸为 $\phi 45 \times 100$，材料为 45 钢，试编写零件的加工程序并进行加工。

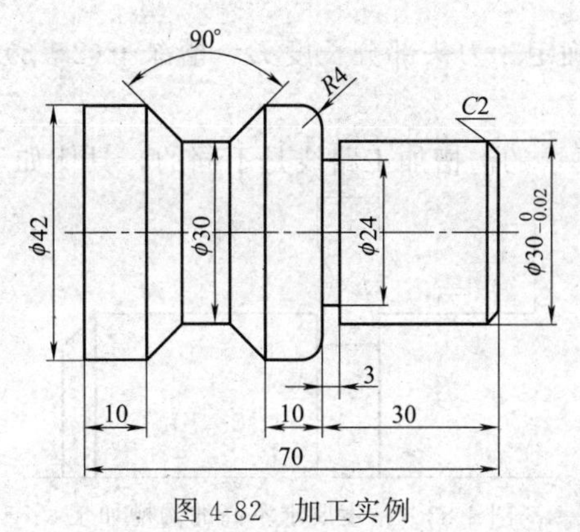

图 4-82 加工实例

二、项目要求

1. 知识要求

① 掌握外圆槽与工件切断的加工工艺。

② 掌握外圆槽与工件切断的编程方法。

2. 能力要求

① 能熟练应用径向切槽循环指令 G75 编程。

② 能合理选择切槽刀与切断刀。

③ 能合理设计含槽类零件的加工路线。

三、项目指导

1. 车槽与切断的加工工艺

(1) 槽的种类　在轴类零件上通常会有沟槽的结构，其主要功能如下。

① 使装配在轴上的零件有正确的轴向定位。

② 作为螺纹加工、插齿加工时的退刀槽或磨削加工时的砂轮越程槽。

③ 在内沟槽内嵌入油毛毡等软介质起密封作用。

④ 用作油液或气体的通道。

(2) 槽加工刀具的选择　切矩形外圆沟槽的切槽刀和切断刀的形状基本相同，只是刀头部分的宽度和长度有些区别。具体如下。

① 切断刀刀头宽度的确定　刀头部分宽度的经验计算公式为

$$a \approx (0.5 \sim 0.6)\sqrt{D}$$

式中　a——主切削刃宽度；

D——被切断工件的直径。

② 切断刀刀头长度的确定　刀头部分长度 L 的确定公式为

切断实心材料：$$L=\frac{D}{2}+(2\sim3)\text{mm}$$

切断空心材料：$$L=h+(2\sim3)\text{mm}$$

式中　h——被切工件的壁厚。

③ 切槽刀刀头宽度的确定　刀头部分宽度一般根据工件的槽宽、机床功率和刀具的强度综合考虑确定。

④ 切槽刀刀头长度的确定　刀头部分长度 L＝槽深＋(2～3)mm。

(3) 槽的加工路线

不同宽度、不同精度要求的沟槽加工路线是不同的，具体如下。

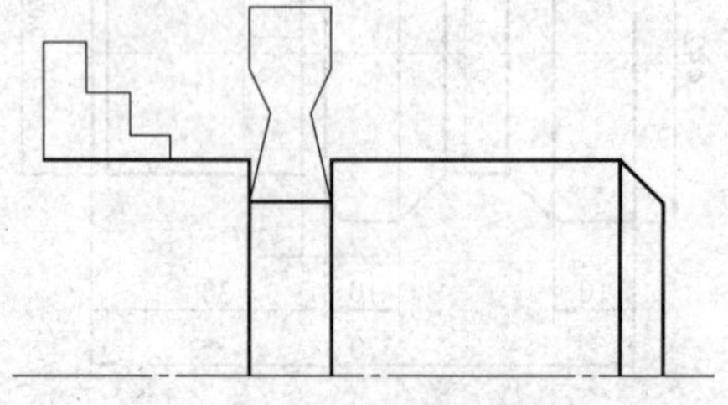

图 4-83　精度要求不高的沟槽加工

① 对较窄的沟槽进行加工且精度要求不高时，可以选择刀头宽度等于槽宽的刀具采用横向直进切削而成，如图 4-83 所示。

② 槽宽精度要求较高时可采用粗车、精车两次进给完成，即第一次进给车沟槽时沟槽两壁留有余量；第二次用等宽刀修整，并采用 G04 指令使刀具在槽底暂停几秒钟进行无进给光整加工，以提高槽底的表面质量，如图 4-84 所示。

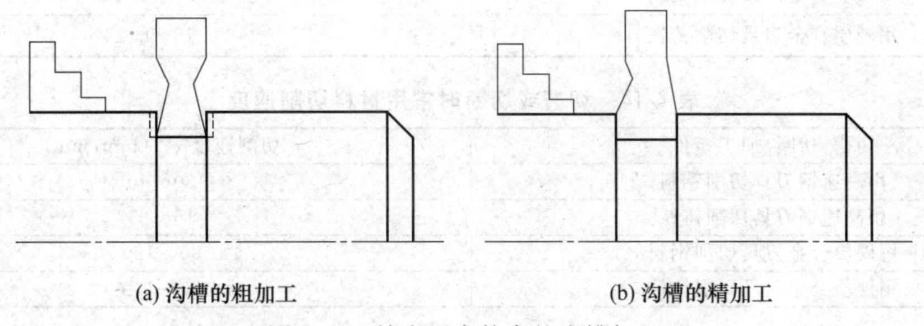

(a) 沟槽的粗加工　　(b) 沟槽的精加工

图 4-84　精度要求较高的沟槽加工

③ 精度要求较高的宽沟槽加工则可以分几次进给，要求每次切削时刀具轨迹要有重叠的部分，并在沟槽两侧和底面留有一定的精车余量，宽沟槽加工路线如图 4-85 所示。

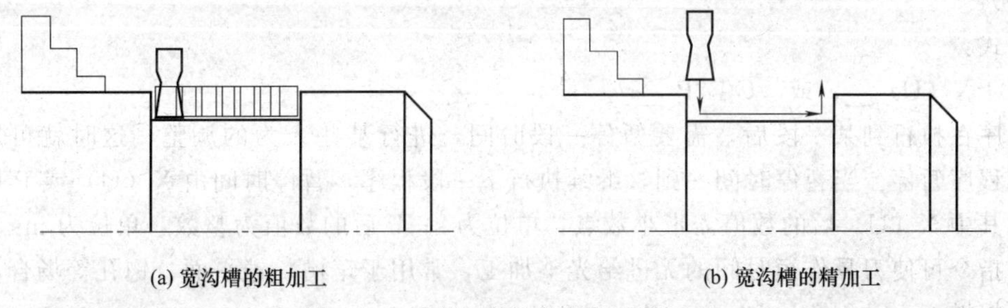

(a) 宽沟槽的粗加工　　(b) 宽沟槽的精加工

图 4-85　精度要求较高的宽沟槽加工

④ 切槽刀或切断刀退刀时要注意合理安排退刀路线：一般应先退 X 方向，再退 Z 方向，应避免与工件外台阶发生碰撞，否则将造成车刀损坏甚至是机床损坏。

(4) 刀位点的确定　刀位点是指在编制加工程序过程中表示刀具特征的点，它也是对刀和加工的基准点。切槽刀和切断刀有左右两个刀尖，两个刀尖及切削刃中心都可以成为刀位点，编程时应根据图样尺寸标注以及对刀难易程度确定具体的刀位点。一定要避免编程操作和对刀时选用刀位点不一致的现象，一般以左刀尖为刀位点。

(5) 切削用量的选用

切槽和切断工件时切削用量的选用具有其特殊性，具体如下。

① 背吃刀量 a_p　横向切削时，切槽刀、切断刀的背吃刀量等于刀的主切削刃宽度，即 $a_p=a$。

② 进给量 f　由于切槽刀、切断刀的刚性、强度及散热条件差，所以应适当地减小进

给量。若进给量太大，容易使刀折断；若进给量太小，后刀面与工件产生强烈摩擦会引起振动。其具体数值要根据工件和刀具材料来决定。切槽或切断时常用材料进给量如表4-13所示。

③ 切削速度 v_f　切断时的实际切削速度会随着刀具的切入而越来越低。因此，切断时的切削速度可选得高些，具体数值根据工件和刀具材料来决定。切槽或切断时常用材料切削

速度如表 4-14 所示。

表 4-13　切槽或切断时常用材料进给量

切槽(切断)加工条件	进给量 f/(mm/r)
用高速钢刀具切削钢料	0.05～0.1
用高速钢刀具切削铸铁	0.1～0.2
用硬质合金刀具切削钢料	0.1～0.2
用硬质合金刀具切削铸铁	0.15～0.25

表 4-14　切槽或切断时常用材料切削速度

切槽(切断)加工条件	切削速度 v_f/(mm/min)
用高速钢刀具切削钢料	30～40
用高速钢刀具切削铸铁	15～25
用硬质合金刀具切削钢料	80～120
用硬质合金刀具切削铸铁	60～100

2. 编程指令

(1) 暂停指令 G04　切槽、切断时常用的指令与外圆切削指令相似，以 G00、G01 为主，只是进给方向为横向（X 方向）。在使用 G01 指令切槽时，为使槽底光滑，需用到暂停指令 G04。

格式：

G04 X（U）__；或　G04 P __；

程序在执行到某一段后，需要暂停一段时间，进行某些人为的调整，这时就可用 G04 指令使程序暂停。当暂停时间一到，继续执行下一段程序，暂停时间由 X（U）或 P 后数值说明。其中 X（U）后的数值需带小数点，单位为 s；P 后的数值为整数，单位为 ms。

该指令可使刀具作短时间的无进给光整加工，常用于车槽、镗平面、锪孔等场合，以降低表面粗糙度。

(2) 径向切槽循环指令 G75

格式：

G75 R(e)；

G75 X(U)__ Z(W)__ P(Δi) Q(Δk) R(Δd)　F__；

式中　e——退刀量，其值小于 Δi；

X（U）、Z（W）——切槽终点的坐标值，Z（W）省略或为 0 时仅作 X 向进给，Z 向不偏移；

Δi——X 方向每次背吃刀量，用不带符号的值表示；

Δk——刀具完成一次径向切削后，在 Z 方向的移动量；

Δd——刀具在切削底部的退刀量；

F——切槽进给速度。

其加工路线如图 4-86 所示。

四、项目实施

任务一　工 艺 分 析

1. 零件图样分析

如图 4-82 所示，零件毛坯尺寸为 $\phi45\times100$。主要加工内容为零件的外圆表面轮廓、$\phi24\times3$

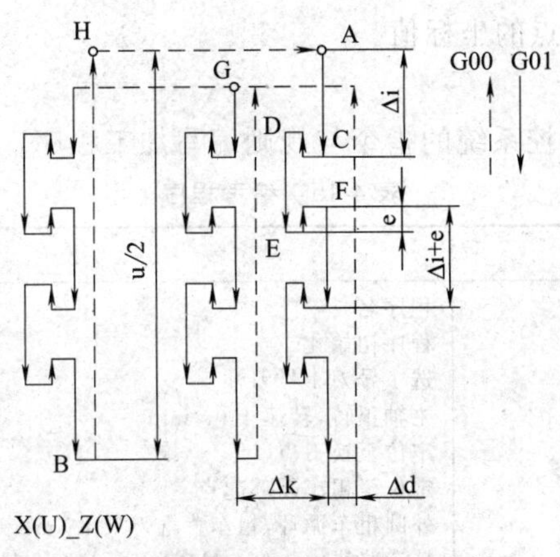

图 4-86 径向切槽循环加工路线

的外圆沟槽及 T 形槽。尺寸标注完整，ϕ30 外圆有尺寸公差要求，表面粗糙度未注明。

2. 制定加工艺

（1）确定加工方案 外圆轮廓表面采用 G71、G70 循环指令进行粗、精加工；外圆沟槽与 T 形槽分别采用 G01 和 G75 进行加工。

（2）确定装夹方案 该零件毛坯为棒料，以毛坯外圆定位，采用三爪自定心卡盘进行装夹。

（3）选择刀具 零件加工共用 3 把刀具。选 1 号刀为 90°外圆车刀，对零件进行粗车和精车；选 2 号刀为切槽刀，刀片宽度为 3mm，对外圆沟槽及 T 形槽进行加工；选 3 号刀为切断刀，刀片宽度为 5mm，对工件进行切断。

（4）切削用量选择

① 外轮廓加工。

粗加工：n＝400r/min，f＝0.2mm/r。

精加工：n＝600r/min，f＝0.1mm/r。

② 外圆沟槽与 T 形槽加工。

n＝400r/min，f＝0.08mm/r

③ 工件切断。

n＝400r/min，f＝0.08mm/r。

（5）加工工序

① 粗车、半精车外圆轮廓。

② 精车外圆轮廓。

③ 切外圆沟槽。

④ 切 T 形槽。

⑤ 切断工件。

任务二 程 序 编 制

1. 工件坐标系的确定

为计算方便，工件坐标系原点设定在工件端面与轴线的交点处。采用试切法进行对刀，确定工件坐标系原点 O。

2. 编程点坐标的确定

根据零件图样确定各基点的坐标值。

3. 编写加工程序

该零件采用FANUC数控系统的指令与规则编写加工程序，具体见表4-15。

表4-15 参考程序

程　　序	说　　明
O7001；	程序名
G54 G40 G99；	程序初始化
T0101；	选1号刀1号刀补
S400 M03；	主轴正转，转速400r/min
G00 X100.0 Z100.0；	定位至换刀点
G00 X50.0 Z5.0；	定位至粗车循环起点
G71 U1.5 R1.0；	外圆粗车循环，粗车背吃刀量1.5mm，退刀量1.0mm
G71 P10 Q20 U0.5 W0.2 F0.2；	精车路线由N10～N20指定，精车余量为X向0.5mm，Z向0.2mm
N10 G00 X26.0；	
G01 Z0.0；	
G01 X30.0 Z－2.0；	
Z－30.0；	
X34.0；	
G03 X42.0 Z－34.0 R4.0；	
G01 Z－75.0；	
N20 X50.0；	
G70 P10 Q20 S600 F0.1；	精车循环
G00 X100.0 Z100.0；	返回至换刀点
T0202；	换切槽刀
S400 M03；	
G00 X45.0 Z－30.0；	刀具定位
G01 X24.0 F0.08；	切槽
G04 X2.0；	暂停2s
G01 X45.0 F0.08；	退刀
G00 X45.0 Z－49.0；	刀具定位
G75 R0.5；	切槽循环
G75 X30.5 Z－54.0 P2000 Q2000 F0.08；	
G00 X43.0 Z－46.0；	刀具定位
G01 X37.0 Z－49.0 F0.08；	粗车T形槽
X43.0；	
Z－43.0；	
X31.0 Z－49.0；	
G00 X43.0；	
Z－57.0；	
G01 X37.0 Z－54.0；	
X43.0；	
Z－60.0；	
X31.0 Z－54.0；	
G00 X42.0；	
G01 Z－43.0 F0.08；	
X30.0 Z－49.0；	精车T形槽
Z－54.0；	
X42.0 Z－60.0；	
G00 X45.0；	
G00 X100.0 Z100.0；	返回至换刀点
M05；	主轴停止
M30；	程序结束

任务三　机床操作

1. 加工准备

① 阅读零件图样，检查坯料尺寸。

② 开机，机床回零操作。

③ 输入程序并检查程序正确性。

④ 装夹工件。夹毛坯外圆，伸出卡盘70mm。

⑤ 准备刀具。将90°外圆车刀安装在1号刀位上，切断刀安装在2号刀位上。

2. 对刀，设定工件坐标系

（1）X方向对刀　试切工件外圆表面，沿Z轴正方向退出，测量外圆表面直径，并将直径值输入系统相应位置。

（2）Z方向对刀　车工件右端面，沿X轴正方向退出，将“Z0”输入系统相应位置。

3. 程序校验

利用数控机床图形显示功能进行校验，也可采用数控加工仿真软件进行。在数控编程中，程序校验推荐采用数控仿真软件进行。

4. 自动加工

启动程序进行自动加工，并根据加工情况使用主轴、进给速度倍率开关适当调整切削速度、进给速度。

5. 尺寸测量

自动加工结束后，按图样要求对工件进行检测，并进行误差及质量分析。

6. 结束加工

松开夹具，卸下工件，清理机床，关闭数控系统电源，关闭机床总电源。

任务四　质量检测

具体见表4-16。

表4-16　评分表

项目比重	序号	技术要求	配分	评分标准	检测记录	得分
工艺与程序（25分）	1	程序格式规范	5	不规范每处扣2分		
	2	程序正确完整	10	每错一处扣5分		
	3	工艺过程规范、合理	5	不合理每处扣5分		
	4	切削用量合理	5	不合理每处扣5分		
机床操作（20分）	5	工件、刀具选择安装正确	5	不正确每处扣5分		
	6	对刀及坐标系设定正确	5	不正确每处扣2分		
	7	机床操作规范	5	不规范每处扣2分		
	8	工件加工不出错	5	出错全扣		
工件质量（15分）	9	尺寸精度符合要求	10	不合格每处扣2分		
	10	表面粗糙度符合要求	5	不合格每处扣2分		
文明生产（20分）	11	安全操作	10	出错全扣		
	12	机床维护与保养	5	不合格全扣		
	13	工作场所整理	5	不合格全扣		
相关知识及职业能力（20分）	14	数控加工知识	10	提问		
	15	表达沟通能力	10	根据学生的实际情况酌情给0～10分		
		合作能力				
		创新能力				

项目八 普通螺纹车削加工

一、项目描述

如图 4-87 所示，工件毛坯尺寸为 $\phi40\times80$，材料为 45 钢，试编写零件的加工程序并进行加工。

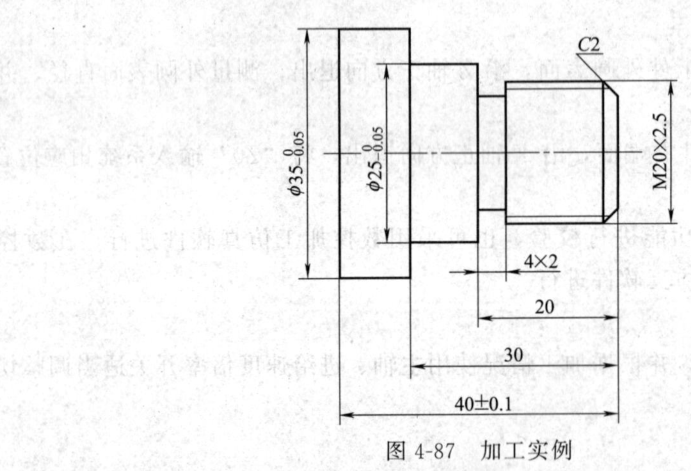

图 4-87 加工实例

二、项目要求

1. 知识要求

① 熟悉机械加工工序的划分。

② 熟悉螺纹类型及基本尺寸的计算。

③ 掌握普通螺纹车削加工工艺。

④ 掌握螺纹加工指令 G32、G92、G76 的格式及应用。

⑤ 了解普通螺纹的测量工具及测量方法。

2. 能力要求

① 能熟练应用 G92、G76 指令加工普通螺纹。

② 能合理制定含螺纹要素零件的加工工艺。

三、项目指导

1. 工序的划分

(1) 工序划分的原则　工序的集中和工序的分散是拟定工艺路线的两种不同的原则。

① 工序集中　是指将工件的加工集中在少数几道工序内完成，即在每道工序中尽可能包含多的加工内容，而使总的工序数目减少。工序集中有以下特点。

a. 在一次装夹中可以完成工件多个表面的加工，这样比较容易保证这些表面的相互位置精度，同时也减少了工件的装夹次数和辅助时间，减少了工件在机床间转运的工作量，有利于缩短生产周期。

b. 易于采用多刀、多刃、多轴机床、组合机床、自动机床、数控机床和加工中心等高效工艺装备，从而缩短基本时间，提高生产效率。

c. 缩短了工艺路线，减少对机床、夹具和操作工人及生产面积的需求，简化了生产计划和生产管理工作。

d. 由于采用专用设备和高效工艺装备，使投资增大，设备调整和维修复杂，生产准备工作量增大。

e. 由于一道工序加工表面较多，对机床的精度要求较全面，而且很难为每个加工表面都选择合适的切削用量。

f. 对工人的技术水平和应变能力要求较高。

② 工序分散　是指将工件的加工分散在较多的工序中进行，使每道工序包含的工作量尽量减少，甚至每道工序只加工某个表面。工序分散有以下特点。

a. 机床设备及工艺装备简单，调整和维修方便，工人容易掌握，生产准备工作量少，且易平衡工序时间，对工件的装卸、切削和测量等过程易于实现自动化。

b. 有条件为每一工步选择合理的切削用量，减少基本时间。

c. 设备数量多，操作工人多，占用生产面积大，计划调度和生产管理工作较为繁杂。

d. 操作过程简化，对工人的技术熟练程度和应变能力要求较低。

工序集中和工序分散各有其特点，在一个工艺过程中，可能将某几个工序用高生产率的机床以集中方式进行加工，而另几个工序则分散成几个工步，采用流水线生产方式进行加工。单件小批生产应采用管理式的工序集中；批量生产中，对结构复杂、精度要求高的大型零件，为减少运输与安装困难，应采用机械式的工序集中；在大批大量生产中，对精度高、刚性差、结构简单的中小型零件，为组成流水作业线，应采用工序分散。

（2）机械加工工序的安排

在划分了加工阶段，确定了工序集中与分散方法后，便可以着手安排零件的机械加工工序。安排零件表面的加工顺序时，通常应遵循以下几个原则。

① 先主后次原则　根据零件的功能和技术要求，分清零件的主要表面和次要表面。主要表面是指装配基准面、重要工作表面和精度要求较高的表面等；次要表面是指光孔、螺孔、未标注公差表面及其他非工作表面等。分清零件的主要和次要表面后，重点考虑主要表面的加工顺序，以确保主要表面的最终加工质量。

② 基准面先行原则　用作后续工序的精基准表面应优先加工出来，因为定位基准的表面越精确，装夹误差就越小。如在加工轴类零件时应先钻中心孔，加工盘类零件时应先加工外圆与端面。

③ 先粗后精原则　各个表面的加工顺序按照粗加工—半精加工—精加工—光整加工的顺序依次进行，逐步提高表面的加工精度和减小表面粗糙度。

④ 先面后孔原则　为了保证加工孔的稳定可靠性，应先加工孔的端面，后加工孔。这是因为端面的轮廓平整，定位、装夹稳定可靠。先加工好孔端面，再以端面定位加工孔，便于保证端面与孔的位置精度。

（3）工序的划分方法

① 按所用刀具划分　以同一把刀具完成的那一部分工艺过程为一道工序，这种方法适用于工件的待加工表面较多、机床连续工作时间较长、加工程序的编制和检查难度较大等情况。

② 按粗、精加工划分　即粗加工中完成的那一部分工艺过程为一道工序，精加工中完

成的那一部分工艺过程为一道工序。这种划分方法适用于加工后变形较大，需粗、精加工分开的零件，如毛坯为铸件、焊接件或锻件。

③ 按加工部位划分　以完成相同表面的那一部分工艺过程为一道工序，对于加工表面多而复杂的零件，可按其结构特点（如内形、外形、曲面和平面等）划分多道工序。

（4）工步的划分　通常情况下，对一道工序内的工步可按先粗后精、先近后远、先面后孔、内外交叉、保证工件刚度的原则和切削刀具来划分工步。在划分工步时，要根据零件的结构特点、技术要求等情况综合考虑。

2. 螺纹基础知识

（1）螺纹的种类

① 按用途分类　螺纹按用途不同可分为连接螺纹和传动螺纹。

② 按牙型分类　螺纹按牙型不同可分为三角形螺纹、梯形螺纹、锯齿形螺纹和矩形螺纹，如图 4-88 所示。

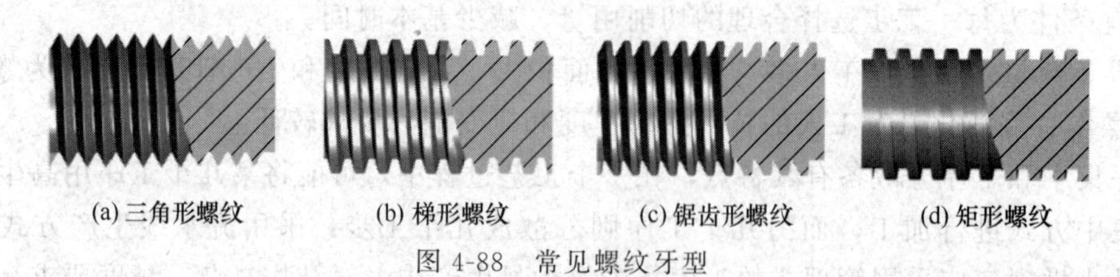

(a) 三角形螺纹　(b) 梯形螺纹　(c) 锯齿形螺纹　(d) 矩形螺纹

图 4-88　常见螺纹牙型

③ 按旋向分类　螺纹按螺旋线方向不同分为左旋螺纹和右旋螺纹，如图 4-89 所示。

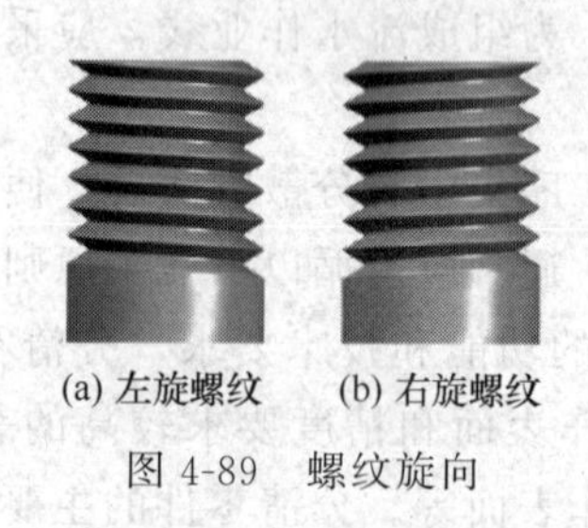

(a) 左旋螺纹　(b) 右旋螺纹

图 4-89　螺纹旋向

④ 按螺旋线数目分类　螺纹按螺旋线数目多少分为单线螺纹和多线螺纹。

⑤ 按母体形状分类　螺纹按母体形状不同分为圆柱螺纹和圆锥螺纹。

（2）普通螺纹尺寸计算

普通螺纹是我国应用最广泛的一种三角形螺纹，牙型角为 60°。普通螺纹各基本尺寸在牙型上标注如图 4-90 所示。

① 螺纹的公称直径　即螺纹大径的基本尺寸（D 或 d）。

② 原始三角形高度 H　表达式为

$$H=\frac{\sqrt{3}}{2}P=0.866P$$

③ 螺纹中径　表达式为

$$d_2=D_2=d-0.6495P$$

④ 削平高度　外螺纹牙顶和内螺纹牙底均在 $H/8$ 处削平；外螺纹牙底和内螺纹牙顶均在 $H/4$ 处削平。

⑤ 牙型高度　表达式为

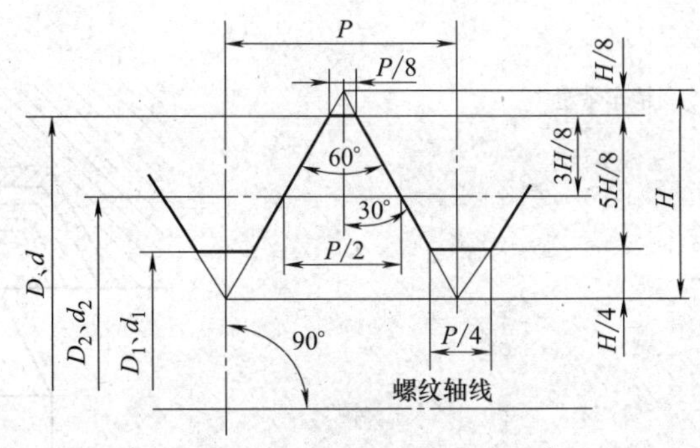

图 4-90　常见螺纹基本尺寸

$$h_1=\frac{5}{8}H=0.5142P$$

⑥ 外螺纹小径　表达式为

$$d_1=d-1.0825P$$

⑦ 内螺纹小径　基本尺寸与外螺纹小径相同（$D_1=d_1$）。

(3) 普通螺纹标记　完整的螺纹标记由螺纹代号、螺纹公差带代号和螺纹旋合长度代号三部分组成，中间用“-”隔开。图 4-91 所示分别为外螺纹和内螺纹的标记。

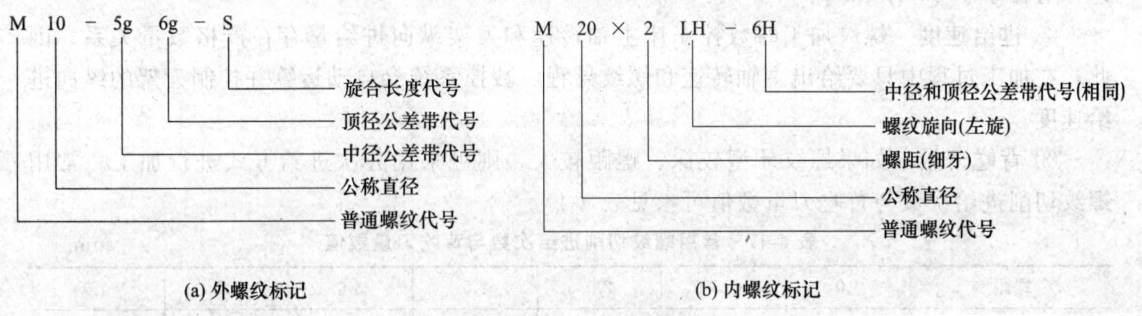

图 4-91　螺纹标记

说明：

① 对于粗牙螺纹，可以省略标注其螺距，而细牙螺纹则必须标注。

② 对于左旋螺纹，应在螺距之后标注“LH”代号，右旋螺纹不需要标注。

③ 螺纹旋合长度分为三组，即短旋合长度（S）、中等旋合长度（N）和长旋合长度（L），一般螺纹通常采用中等旋合长度。

3. 普通螺纹的加工工艺

(1) 螺纹加工进给路线

① 直进法　用直进法车削三角形螺纹是低速车削螺纹的一种常用方法，如图 4-92 所示。切削过程是在每次往复行程后车刀沿横向进给，通过多次行程把螺纹车削好。这种加工方法由于刀具两侧刃同时工作，切削力较大，牙型准确，但排屑困难，容易产生扎刀现象，一般用于车削螺距小于 3mm 的螺纹。

② 斜进法　如图 4-93 所示，刀具沿着螺纹一侧顺次进给。由于是单侧刃加工，切削刃容易损伤和磨损，使加工的螺纹面不直，刀尖角发生变化，从而造成牙型精度较差。刀具负载小，排屑容易，适合于加工大螺距的螺纹。在螺纹精度要求不高的情况下加工更为方便，

可以做到一次成形。

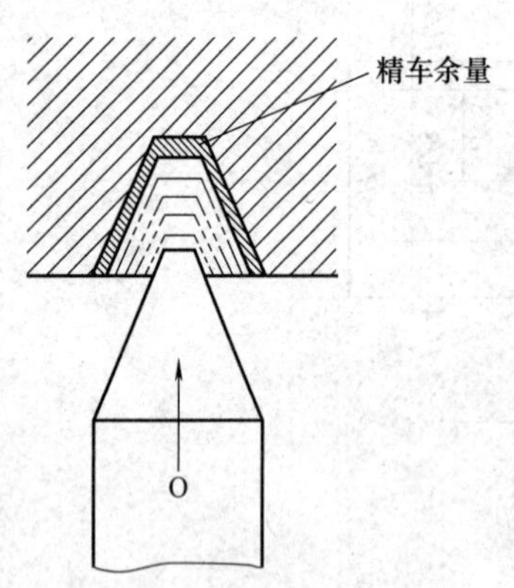

图 4-92 直进法车削螺纹

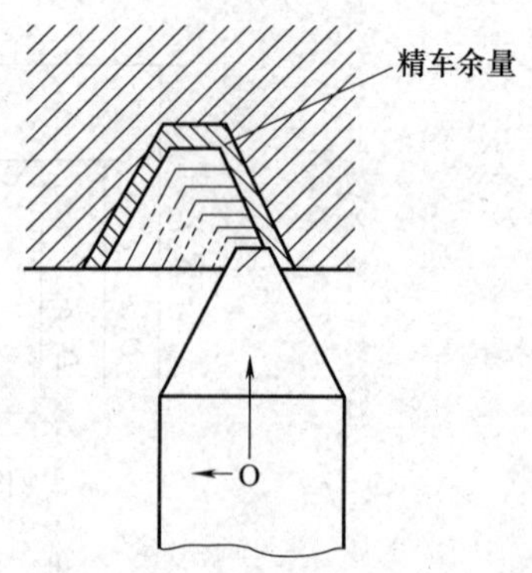

图 4-93 斜进法车削螺纹

（2）切削用量的选择

① 主轴转速 根据车削螺纹时主轴转一转，刀具进给一个导程的机理，如果将机床的主轴转速选择过高，换算后的进给速度则必定大大超过机床额定进给速度，所以选择车削螺纹时的主轴转速要考虑进给系统的参数设置情况和机床电气配置情况，避免螺纹乱牙或起、终点附近螺距不符合要求等现象的发生。为保证正常切削螺纹，一般宜选择较低的主轴转速，通常小于 300r/min。

② 进给速度 螺纹加工时数控车床主轴转速和刀架纵向进给量存在严格数量关系。因此，在加工过程中只要给出主轴转速和螺纹导程，数控系统会自动运算并控制刀架的纵向进给速度。

③ 背吃刀量 如果螺纹牙型较深、螺距较大，则可采用分次进给方式进行加工。常用螺纹切削进给次数与背吃刀量数值可参见表 4-17。

表 4-17 常用螺纹切削进给次数与背吃刀量数值 mm

螺距		1.0	1.5	2.0	2.5	3.0	3.5	4.0
牙深		0.649	0.974	1.299	1.624	1.949	2.273	2.598
背吃刀量及切削次数	1	0.7	0.8	0.9	1.0	1.2	1.5	1.5
	2	0.4	0.6	0.6	0.7	0.7	0.7	0.8
	3	0.2	0.4	0.6	0.6	0.6	0.6	0.6
	4		0.16	0.4	0.4	0.4	0.6	0.6
	5			0.1	0.4	0.4	0.4	0.4
	6				0.15	0.4	0.4	0.4
	7					0.2	0.2	0.4
	8						0.15	0.3
	9							0.2

（3）螺纹加工尺寸的计算 车削螺纹时因工件材料受车刀挤压的影响，会导致螺纹大径变大，因此车削螺纹前大径尺寸应控制在比基本尺寸小 0.2～0.4mm，可按如下公式计算：

$$d=D=d_{公}-0.13P$$

螺纹小径按经验公式计算确定：

$$d_1=D_1=d_{公}-2\times0.62P$$

（4）螺纹车削刀具切入与切出空行程的确定 在数控车床上加工螺纹时，螺距是通过伺服系统检测装在主轴上的位置编码器实时地读取主轴速度并转换为刀具的每分钟进给量来保证的。由于数控车床伺服系统本身具有滞后性，会在螺纹起始段和停止段发生螺距不规则现象，所以实际加工螺纹的长度 W 应包括切入与切出的空行程，如图 4-94 所示。L_1 为切入空行程，一般取 2～5mm；L_2 为切出空行程，一般取 2～3mm。

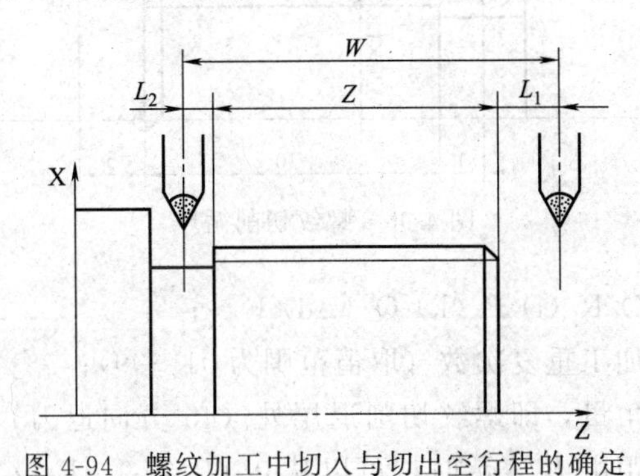

图 4-94 螺纹加工中切入与切出空行程的确定

4. 编程指令

（1）螺纹切削指令 G32

格式：

G32 X（U）__ Z（W）__ F__；

式中 X（U）、Z（W）——切削螺纹终点的坐标值；

F——螺纹导程。

该指令用于切削等螺距直螺纹、锥形螺纹和端面螺纹。在使用 G32 指令时，应注意以下几点。

① 在车螺纹时进给速度倍率、主轴倍率无效，始终固定在 100%。

② 车螺纹时不要使用恒表面切削速度控制，而要使用 G97 指令设定主轴转速。

③ 车螺纹时，必须设置切入、切出空行程，这样可避免因车刀升、降速而影响螺距的稳定。

④ 受机床结构及数控系统的影响，车螺纹时主轴转速有一定的限制。

（2）螺纹切削循环指令 G92

格式：

G92 X（U）__ Z（W）__ R__ F__；

式中 X（U）、Z（W）——螺纹切削终点的坐标值；

R——圆锥螺纹切削起点与切削终点的半径差值；

F——螺纹的导程。

其加工路线如图 4-95 所示。刀具从循环起点 A 开始，按 A－B－C－D 进行自动循环，最后又回到循环起点 A，多次走刀时仅需在下一程序段中指定新的 X 值即可。G92 指令适用于直进法高速切削圆柱、圆锥螺纹。

（3）螺纹切削复合循环指令 G76

格式：

G76 P（m）（r）（a）Q（Δd_{min}）R（d）；

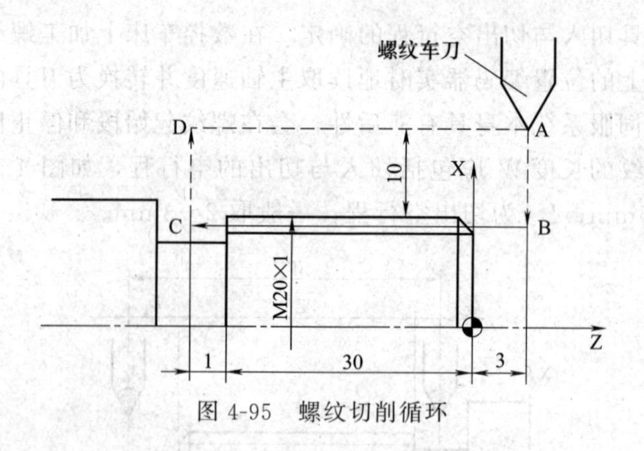

图 4-95 螺纹切削循环

或 G76 X（U）Z（W）R（i）P（k）Q（Δd）F＿；

式中 m——精加工重复次数（取值范围为 01～99）；

r——倒角量，即螺纹切削退尾处（45°方向退刀）的 Z 方向退刀距离，当螺距由 P 表示时，可以从 $0.1P$ 到 $9.9P$ 设定，单位为 $0.1P$（表达时用两位数表达，00～99）；

a——刀尖角度，可以选择的刀尖角度有 80°、60°、55°、30°、29°和 0°，由两位数规定，如当 m 为 2、r 为 1.2P、a 为 60°时，则表达为 P021260；

Δd_{min}——最小背吃刀量（该值用不带小数点的半径值表示），当一次循环运行的背吃刀量小于此值时，背吃刀量自动修改为等于此值；

d——精加工余量（该值用不带小数点的半径值表示）；

X（U）、Z（W）——螺纹终点坐标值；

i——圆锥螺纹起点与终点的半径差，i 为零时表示加工圆柱螺纹；

k——螺纹牙型高度（该值用不带小数点的半径值表示），始终为正值；

Δd——第一刀背吃刀量（该值用不带小数点的半径值表示），始终为正值；

F——螺纹导程。

图 4-96 所示为螺纹切削复合循环指令的刀具运动轨迹。以加工圆锥外螺纹为例，刀具从循环起点 A 出发，以 G00 方式沿 X 方向进给至螺纹牙顶 X 坐标处（即 B 点，该点的 X 坐标值小径＋2k），然后沿与基本牙型一侧平行的方向进给，X 方向背吃刀量为 Δd；再以螺纹

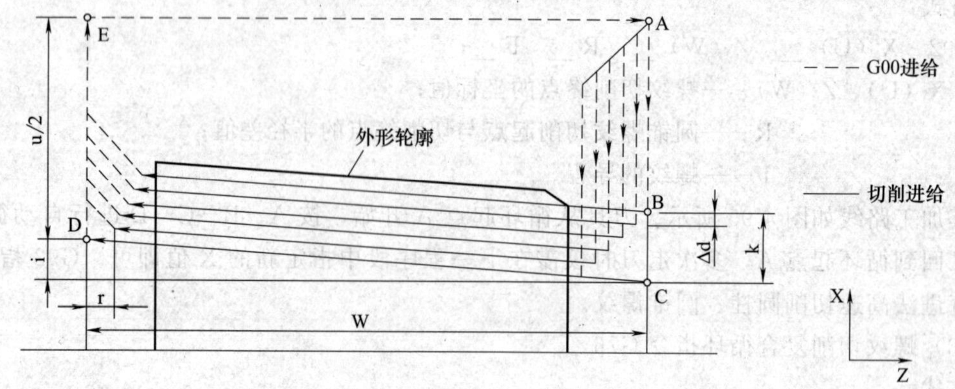

图 4-96 螺纹切削复合循环加工路线

切削方式切削至离 Z 方向终点距离为 r 处，倒角退刀至 D 点，再沿 X 方向退刀至 E 点，最后返回 A 点，准备第二刀切削循环。如此分多次切削循环，直至循环结束。

执行螺纹切削复合循环指令加工时，螺纹车刀向深度方向并沿与基本牙型一侧平行的方向进给，即斜进法进给，从而保证了螺纹粗车过程中始终用一个切削刃进行切削，减小了切削阻力，提高了刀具寿命，为螺纹的精车质量提供了保证。螺纹切削复合循环指令 G76 斜进法进给方式、进给次数及背吃刀量如图 4-97 所示。第一刀切削循环时，背吃刀量为 Δd，第二刀的背吃刀量为（$\sqrt{2}-1$）Δd，第 n 刀的背吃刀量为（$\sqrt{n}-\sqrt{n-1}$）Δd。因此，执行 G76 循环的背吃刀量是逐步递减的。

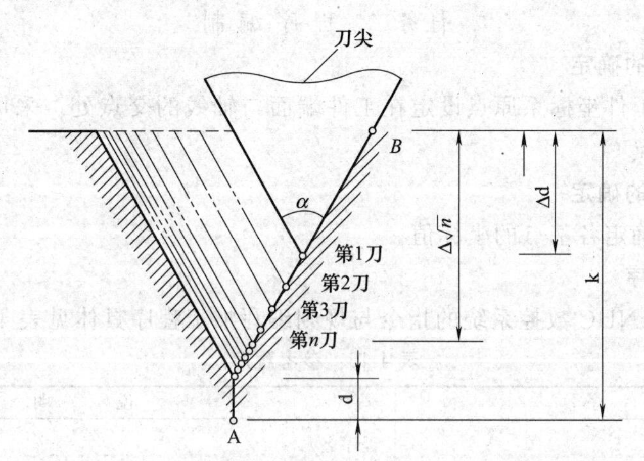

图 4-97 螺纹切削循环进给方式、进给次数和背吃刀量

四、项目实施

任务一 工艺分析

1. 零件图样分析

如图 4-87 所示，零件毛坯尺寸为 $\phi40\times80$。加工内容主要有零件的外形轮廓，加工尺寸分别为 $\phi35_{-0.05}^{\ 0}$ 和 $\phi25_{-0.05}^{\ 0}$ 及 4×2 的退刀槽和 M20×2.5 的普通螺纹。表面粗糙度未注明，可按一般条件加工。

2. 制定加工艺

（1）加工工艺过程

① 装夹工件，伸出长度大于 45mm，车端面。

② 采用外圆粗、精车指令加工外形轮廓，保证尺寸精度 $\phi35_{-0.05}^{\ 0}$ 和 $\phi25_{-0.05}^{\ 0}$。

③ 采用切槽刀切宽 4mm 的槽。

④ 采用螺纹刀加工 M20×2.5 外螺纹。

⑤ 切断工件。

（2）确定装夹方案 该零件毛坯为棒料，以毛坯外圆定位，采用三爪自定心卡盘进行装夹。

（3）选择刀具 用一把 90°外圆车刀完成外形轮廓的粗加工和精加工，对零件进行粗车和精车。退刀槽采用一把刀宽为 3mm 切槽刀。螺纹的加工采用一把 60°螺纹车刀。

（4）切削用量选择

① 外轮廓加工。

粗加工：n＝600r/min，f＝0.2mm/r。

精加工：n＝1000r/min，f＝0.1mm/r。

② 退刀槽加工。

n＝400r/min，f＝0.08mm/r。

③ 螺纹加工。

n＝300r/min。

（5）数值计算　对于带有公差的外圆尺寸，编号时取最大极限尺寸与最小极限尺寸的平均值；螺纹大、小径的计算可按照经验公式进行。

任务二　程 序 编 制

1. 工件坐标系的确定

为计算方便，工件坐标系原点设定在工件端面与轴线的交点处。采用试切法进行对刀，确定工件坐标系原点 O。

2. 编程点坐标的确定

根据零件图样确定各基点的坐标值。

3. 编写加工程序

该零件采用 FANUC 数控系统的指令与规则编写加工程序具体见表 4-18。

表 4-18　参考程序

程　　序	说　　明
O8001；	程序名
G54 G40 G99；	程序初始化
T0101；	选 1 号刀 1 号刀补
S600 M03；	主轴正转，转速 600r/min
G00 X100.0 Z100.0；	定位至换刀点
G00 X45.0 Z5.0；	定位至粗车循环起点
G71 U1.5 R1.0；	外圆粗车循环，粗车背吃刀量 1.5mm，退刀量 1.0mm
G71 P10 Q20 U1.0 W0.2 F0.2；	精车路线由 N10～N20 指定，精车余量为 X 向 1.0mm，Z 向 0.2mm
N10 G00 X15.675；	
G01 Z0.0；	
G01 X19.675 Z－2.0；	
Z－20.0；	
X24.975；	
Z－30.0；	
X34.975；	
Z－50.0；	
N20 X45.0；	
G70 P10 Q20 S1000 F0.1；	精车循环
G00 X100.0 Z100.0；	返回至换刀点
T0202；	换切槽刀
S400；	
G00 X30.0 Z－20.0；	
G01 X16.0 F0.08；	
G04 X2.0；	暂停 2s
G01 X30.0 F0.08；	
Z－19.0；	
X16.0；	
G04 X2.0；	
G01 X30.0 F0.08；	
G00 X100.0 Z100.0；	
T0303；	换螺纹刀
S300；	
G00 X25.0 Z5.0；	
G92 X18.675 Z－18.0 F2.5；	
X17.975；	
X17.375；	
16.975；	
X16.9；	
G00 X100.0 Z100.0；	
M05；	主轴停止
M30；	程序结束

任务三 机床操作

1. 加工准备

① 阅读零件图样，检查坯料尺寸。

② 开机，机床回零操作。

③ 输入程序并检查程序正确性。

④ 装夹工件。夹毛坯外圆，伸出卡盘 50mm。

⑤ 准备刀具。将 90°外圆车刀安装在 1 号刀位上，切槽刀安装在 2 号刀位上，螺纹刀安装在 3 号刀位上。

2. 对刀，设定工件坐标系

因零件的加工采用 90°外圆车刀、切槽刀和螺纹刀三种刀具，所以针对每一种刀具均采用试切法进行对刀。

3. 程序校验

利用数控机床图形显示功能进行校验，也可采用数控加工仿真软件进行。在数控编程中，程序校验推荐采用数控仿真软件进行。

4. 自动加工

启动程序进行自动加工，并根据加工情况使用主轴、进给速度倍率开关适当调整切削速度、进给速度。

5. 尺寸测量

自动加工结束后，按图样要求对工件进行检测，并进行误差及质量分析。

6. 结束加工

松开夹具，卸下工件，清理机床，关闭数控系统电源，关闭机床总电源。

任务四 质量检测

具体见表 4-19。

表 4-19 评分表

<table>
<tr><th>项目比重</th><th>序号</th><th>技术要求</th><th>配分</th><th>评分标准</th><th>检测记录</th><th>得分</th></tr>
<tr><td rowspan="3">工艺与程序
(30 分)</td><td>1</td><td>程序格式规范</td><td>10</td><td>不规范每处扣 2 分</td><td></td><td></td></tr>
<tr><td>2</td><td>工艺过程规范、合理</td><td>10</td><td>不合理每处扣 5 分</td><td></td><td></td></tr>
<tr><td>3</td><td>切削用量合理</td><td>10</td><td>不合理每处扣 5 分</td><td></td><td></td></tr>
<tr><td rowspan="4">机床操作
(20 分)</td><td>4</td><td>工件、刀具选择安装正确</td><td>5</td><td>不正确每处扣 5 分</td><td></td><td></td></tr>
<tr><td>5</td><td>对刀及坐标系设定正确</td><td>5</td><td>不正确每处扣 2 分</td><td></td><td></td></tr>
<tr><td>6</td><td>机床操作规范</td><td>5</td><td>不规范每处扣 2 分</td><td></td><td></td></tr>
<tr><td>7</td><td>意外情况处置得当</td><td>5</td><td>出错全扣</td><td></td><td></td></tr>
<tr><td rowspan="2">工件质量
(15 分)</td><td>8</td><td>尺寸精度符合要求</td><td>10</td><td>不合格每处扣 2 分</td><td></td><td></td></tr>
<tr><td>9</td><td>表面粗糙度符合要求</td><td>5</td><td>不合格每处扣 2 分</td><td></td><td></td></tr>
<tr><td rowspan="2">文明生产
(15 分)</td><td>10</td><td>安全操作</td><td>10</td><td>出错全扣</td><td></td><td></td></tr>
<tr><td>11</td><td>机床清理</td><td>5</td><td>不合格全扣</td><td></td><td></td></tr>
<tr><td rowspan="4">相关知识
及职业能力
(20 分)</td><td>12</td><td>数控加工知识</td><td>10</td><td>提问</td><td></td><td></td></tr>
<tr><td rowspan="3">13</td><td>表达沟通能力</td><td rowspan="3">10</td><td rowspan="3">根据学生的实际
情况酌情给 0～10 分</td><td rowspan="3"></td><td rowspan="3"></td></tr>
<tr><td>合作能力</td></tr>
<tr><td>创新能力</td></tr>
</table>

项目九 FANUC 0i 系统数控铣床的基本操作

一、项目描述

① 利用数控铣床操作面板输入下面程序。

```
O0001;
G90 G54 G17 G40;
G00 X-40.0 Y-40.0 Z100.0;
S600 M03;
G00 Z2.0;
G01 Z-5.0 F100;
X-20.0;
Y20.0;
X20.0;
Y-20.0;
X-40.0;
Y-40.0;
Z2.0;
G00 Z100.0;
M05;
M30;
```

② 完成数控铣削加工的对刀操作。

二、项目要求

① 掌握数控铣床操作面板上主要功能按钮的含义与用途。

② 掌握数控铣床的基本操作方法。

③ 掌握简单数控加工程序的输入与编辑。

④ 掌握数控铣削加工对刀的操作方法。

三、项目指导

如图 4-98 所示为 FANUC 0i 数控铣床的操作面板，其中各按钮的主要功能见表 4-20。

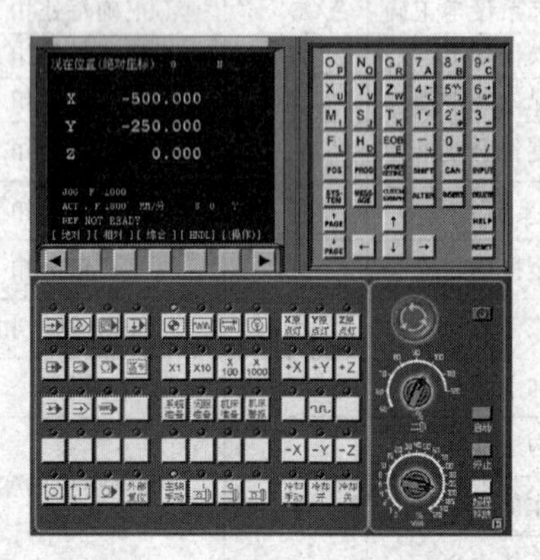

图 4-98 数控铣床操作面板

表 4-20 操作面板功能按钮

按钮	名称	功能说明
	自动运行	此按钮被按下后，系统进入自动加工模式
	编辑	此按钮被按下后，系统进入程序编辑状态
	MDI	此按钮被按下后，系统进入 MDI 模式，手动输入并执行指令
	远程执行	此按钮被按下后，系统进入远程执行模式（DNC 模式），输入输出资料
	单节	此按钮被按下后，运行程序时每次执行一条数控指令
	单节忽略	此按钮被按下后，数控程序中的注释符号“/”有效
	选择性停止	点击该按钮，“M01”代码有效
	机械锁定	锁定机床
	试运行	空运行
	进给保持	程序运行暂停，在程序运行过程中，按下此按钮运行暂停。按“循环启动”恢复运行
	循环启动	程序运行开始；系统处于自动运行或“MDI”位置时按下有效，其余模式下使用无效
	循环停止	程序运行停止，在数控程序运行中，按下此按钮停止程序运行
外部复位	外部复位	在程序运行中点击该按钮将使程序运行停止。在机床运行超程时若“超程释放”按钮不起作用可使用该按钮使系统释放
	回原点	点击该按钮系统处于回原点模式

续表

按钮	名称	功能说明
	手动	机床处于手动模式，连续移动
	增量进给	机床处于手动，点动移动
	手动脉冲	机床处于手轮控制模式
X1 X10 X100 X1000	手动增量步长选择按钮	手动时，通过点击按钮来调节手动步长。X1、X10、X100 分别代表移动量为 0.001mm、0.01mm、0.1mm
主轴手动	主轴手动	点击该按钮将允许手动控制主轴
	主轴控制按钮	从左至右分别为正转、停止、反转
+X	X 正方向	在手动时控制主轴向 X 正方向移动
+Y	Y 正方向	在手动时控制主轴向 Y 正方向移动
+Z	Z 正方向	在手动时控制主轴向 Z 正方向移动
-X	X 负方向	在手动时控制主轴向 X 负方向移动
-Y	Y 负方向	在手动时控制主轴向 Y 负方向移动
-Z	Z 负方向	在手动时控制主轴向 Z 负方向移动
	主轴倍率选择旋钮	将光标移至此旋钮上后，通过点击鼠标的左键或右键来调节主轴旋转倍率
	进给倍率	调节运行时的进给速度倍率

续表

按钮	名称	功能说明
	急停按钮	按下急停按钮，使机床移动立即停止，并且所有的输出如主轴的转动等都会关闭
超程释放	超程释放	系统超程释放
H	手轮显示按钮	按下此按钮，则可以显示出手轮
	手轮面板	点击按钮将显示手轮面板。再点击手轮面板上右下角的按钮，又可将手轮隐藏
	手轮轴选择旋钮	在手轮状态下，将光标移至此旋钮上后，通过点击鼠标的左键或右键来选择进给轴
	手轮进给倍率选择旋钮	在手轮状态下，将光标移至此旋钮上后，通过点击鼠标的左键或右键来调节点动/手轮步长。×1、×10、×100分别代表移动量为0.001mm、0.01mm、0.1mm
	手轮	将光标移至此旋钮上后，通过点击鼠标的左键或右键来转动手轮
启动	启动	启动控制系统
停止	关闭	关闭控制系统

四、项目实施

1. 机床准备

（1）激活机床　点击“启动”按钮，此时机床电机和伺服控制的指示灯变亮。

检查“急停”按钮是否松开至状态，若未松开，点击“急停”按钮，将其松开。

(2) 机床返回参考点　检查操作面板上回原点指示灯是否亮，若指示灯亮，则已进入回原点模式；若指示灯不亮，则点击“回原点”按钮，转入回原点模式。

在回原点模式下，先将X轴回原点，点击操作面板上的“X轴正向”按钮+X，此时X轴将回原点，X轴回原点灯变亮，CRT上的X坐标变为“0.000”。同样，再分别点击“Y轴正向”按钮+Y、“Z轴正向”按钮+Z，此时Y轴、Z轴将回原点，Y轴、Z轴回原点灯变亮。此时CRT界面如图4-99所示。

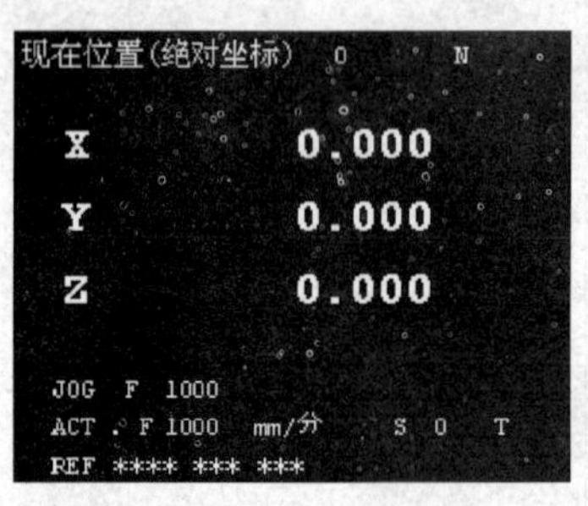

图4-99　机床返回参考点

2. 对刀

数控程序一般按工件坐标系编程，对刀的过程就是建立工件坐标系与机床坐标系之间关系的过程。通常取工件上表面中心作为工件坐标系原点，将工件上其他点设为工件坐标系原点与对刀方法类似。

一般铣床在X、Y方向对刀时使用的基准工具包括刚性靠棒和寻边器两种。

(1) 刚性靠棒X、Y轴对刀　刚性靠棒采用检查塞尺松紧的方式对刀，具体过程如下。

点击菜单“机床/基准工具...”，弹出的基准工具对话框中，左边的是刚性靠棒基准工具，右边的是寻边器，如图4-100所示。

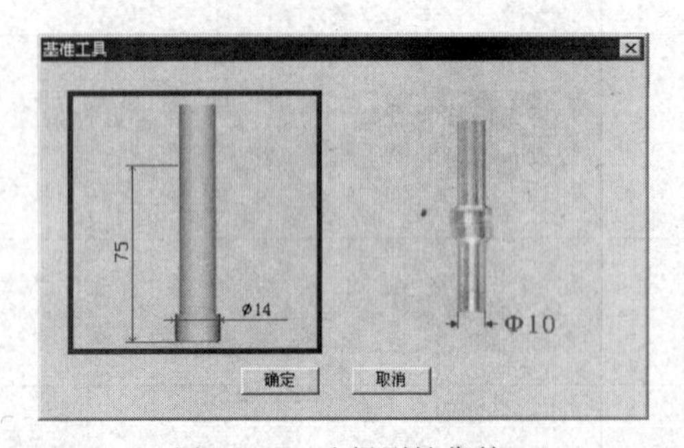

图4-100　选择刚性靠棒

图4-101　靠近工件

① X轴方向对刀　点击操作面板中的“手动”按钮，手动状态灯亮，进入手动方式。

点击MDI键盘上的POS，使CRT界面上显示坐标值；借助“视图”菜单中的动态旋转、动态放缩、动态平移等工具，适当点击+X、+Y、+Z、-X、-Y、-Z按钮，将机床移动到图4-101所示的大致位置。

移动到大致位置后，可以采用手轮调节方式移动机床，点击菜单“塞尺检查/1mm”，基准工具和零件之间被插入塞尺。在机床下方显示如图 4-102 局部放大图（紧贴零件的红色物件为塞尺）。

点击操作面板上的“手动脉冲”按钮，使手动脉冲指示灯变亮，采用手动脉冲方式精确移动机床，点击显示手轮，将手轮对应轴旋钮置于 X 挡，调节手轮进给倍率旋钮，在手轮上点击鼠标左键或右键精确移动靠棒。使提示信息对话框显示“塞尺检查的结果：合适”，如图 4-102 所示。

记下塞尺检查结果为“合适”时 CRT 界面中的 X 坐标，此为基准工具中心的 X 坐标，记为 X_1；将定义毛坯数据时设定的零件的长度记为 X_2；将塞尺厚度记为 X_3；将基准工件直径记为 X_4（可在选择基准工具时读出）。则工件上表面中心的 X 坐标为基准工具中心的 X 坐标减去零件长度的一半减去塞尺厚度减去基准工具半径，记为 X。

② Y 轴方向对刀　采用同样的方法，得到工件中心的 Y 坐标，记为 Y。

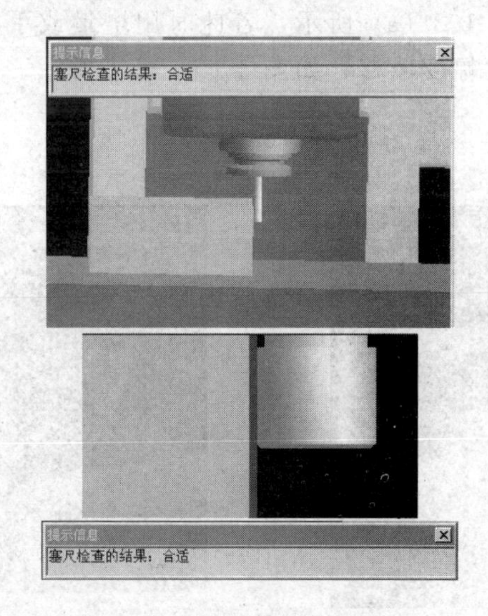

图 4-102　刚性靠棒 X 向对刀

完成 X、Y 方向对刀后，点击菜单“塞尺检查/收回塞尺”将塞尺收回，点击“手动”按钮，手动灯亮，机床转入手动操作状态，点击按钮，将 Z 轴提起，再点击菜单“机床/拆除工具”拆除基准工具。

注意，塞尺有各种不同尺寸，可以根据需要调用。本系统提供的塞尺尺寸有 0.05mm、0.1mm、0.2mm、1mm、2mm、3mm、100mm（量块）。

(2) 寻边器 X、Y 轴对刀　寻边器由固定端和测量端两部分组成。固定端由刀具夹头夹持在机床主轴上，中心线与主轴轴线重合。在测量时，主轴以 400r/min 旋转。通过手动方式，使寻边器向工件基准面移动靠近，让测量端接触基准面。在测量端未接触工件时，固定端与测量端的中心线不重合，两者呈偏心状态。当测量端与工件接触后，偏心距减小，这时使用点动方式或手轮方式微调进给，寻边器继续向工件移动，偏心距逐渐减小。当测量端和固定端的中心线重合的瞬间，测量端会明显地偏出，出现明显的偏心状态。这是主轴中心位置距离工件基准面的距离等于测量端的半径。

① X 轴方向对刀　点击操作面板中的“手动”按钮，手动状态灯亮，系统进入手动方式。

点击 MDI 键盘上的 POS，使 CRT 界面显示坐标值；借助“视图”菜单中的动态旋转、动态放缩、动态平移等工具，适当点击操作面板上的 +X、+Y、+Z、-X、-Y、-Z 按钮，将机床移动到适当位置。

在手动状态下，点击操作面板上的或按钮，使主轴转动。未与工件接触时，寻边器测量端大幅度晃动。

移动到大致位置后，可采用手动脉冲方式移动机床，点击操作面板上的“手动脉冲”按钮，使手动脉冲指示灯变亮，采用手动脉冲方式精确移动机床，点击 H 显示手轮控制面板，将手轮对应轴旋钮置于 X 挡，调节手轮进给速度旋钮，在手轮上点击鼠标左键或右键精确移动寻边器。寻边器测量端晃动幅度逐渐减小，直至固定端与测量端的中心线重合，如图 4-103（a）所示，若此时用增量或手轮方式以最小脉冲当量进给，寻边器的测量端突然大幅度偏移，如图 4-103（b）所示，即认为此时寻边器与工件恰好吻合。

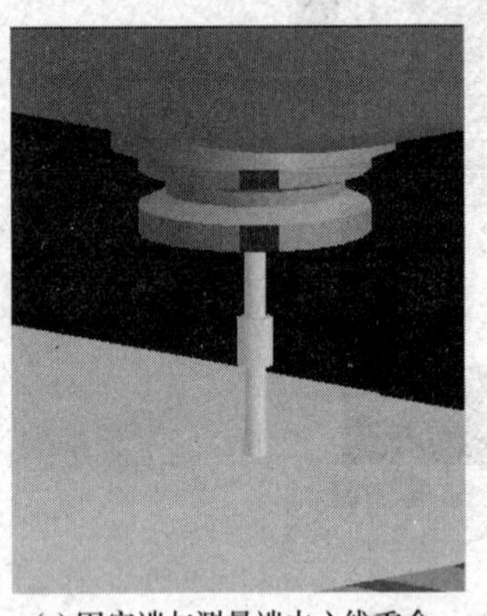

(a) 固定端与测量端中心线重合

(b) 固定端与测量端中心线偏移

图 4-103　寻边器 X 向对刀

记下寻边器与工件恰好吻合时 CRT 界面中的 X 坐标，此为基准工具中心的 X 坐标，记为 X_1；将定义毛坯数据时设定的零件的长度记为 X_2；将基准工件直径记为 X_3（可在选择基准工具时读出）。则工件上表面中心的 X 坐标为基准工具中心的 X 坐标减去零件长度的一半减去基准工具半径，记为 X。

② Y 方向对刀　采用同样的方法，得到工件中心的 Y 坐标，记为 Y。

完成 X、Y 方向对刀后，点击 +Z 按钮，将 Z 轴提起，停止主轴转动，再点击菜单“机床/拆除工具”拆除基准工具。

（3）塞尺法 Z 轴对刀　铣床 Z 轴对刀时采用实际加工所要使用的刀具。

点击菜单“机床/选择刀具”或点击工具条上的小图标，选择所需刀具。

装好刀具后，点击操作面板中的“手动”按钮，手动状态灯亮，系统进入手动方式。利用操作面板上的+X、+Y、+Z、-X、-Y、-Z按钮，将机床移到如图 4-104 所示的大致位置。类似在 X、Y 方向对刀的方法进行塞尺检查，得到“塞尺检查的结果：合适”时的 Z 坐标，记为 Z_1，如图 4-105 所示。则 Z_1 减去塞尺厚度后的数值为 Z 坐标原点，此时工件坐标系在工件上表面。

（4）试切法 Z 向对刀　点击菜单“机床/选择刀具”或点击工具条上的小图标，选择所需刀具。

装好刀具后，利用操作面板上的+X、+Y、+Z、-X、-Y、-Z按钮，将机床移到如图 4-105所示的大致位置。

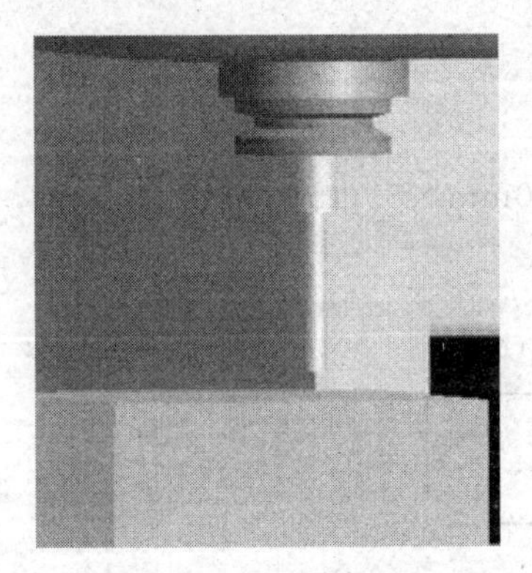

图 4-104　靠近工件

图 4-105　塞尺法 Z 向对刀

打开菜单“视图/选项...”中“声音开”和“铁屑开”选项。

点击操作面板上或按钮使主轴转动；点击操作面板上的-Z，切削零件的声音刚响起时停止，使铣刀将零件切削小部分，记下此时 Z 的坐标值，记为 Z，此为工件表面一点处 Z 的坐标值。

通过对刀得到的坐标值（X，Y，Z）即为工件坐标系原点在机床坐标系中的坐标值。

3. 程序的输入与编辑

（1）新建一个 NC 程序　点击操作面板上的编辑键，编辑状态指示灯变亮，此时已进入编辑状态。点击 MDI 键盘上的PROG，CRT 界面转入编辑页面。利用 MDI 键盘输入“Ox”（x 为程序号，但不能与已有程序号的重复），按INSERT键，CRT 界面上将显示一个空程序，可以通过 MDI 键盘开始程序输入。输入一段代码后，按EOB E键，则数据输入域中的内容将显示在 CRT 界面上，用回车换行键EOB E结束一行的输入后换行。

（2）程序的编辑

① 移动光标　按PAGE↑和PAGE↓用于翻页，按方位键↑↓←→移动光标。

② 插入字符　先将光标移到所需位置，点击 MDI 键盘上的数字/字母键，将代码输入到输入域中，按INSERT键，把输入域的内容插入到光标所在代码后面。

③ 删除输入域中的数据　按CAN键用于删除输入域中的数据。

④ 删除字符　先将光标移到所需删除字符的位置，按DELETE键，删除光标所在处的代码。

⑤ 查找　输入需要搜索的字母或代码；按↓开始在当前数控程序中光标所在位置后搜索（代码可以是一个字母或一个完整的代码，如“N0010”、“M”等）。如果此数控程序中有所搜索的代码，则光标停留在找到的代码处；如果此数控程序中光标所在位置后没有所搜索的代码，则光标停留在原处。

⑥ 替换　先将光标移到所需替换字符的位置，将替换成的字符通过 MDI 键盘输入到输入域中，按ALTER键，把输入域的内容替代光标所在处的代码。

项目十　平面加工

一、项目描述

如图 4-106 所示零件图，毛坯尺寸为 200mm×150mm×65mm，材料为 45 钢，试编写零件的加工程序并进行加工。

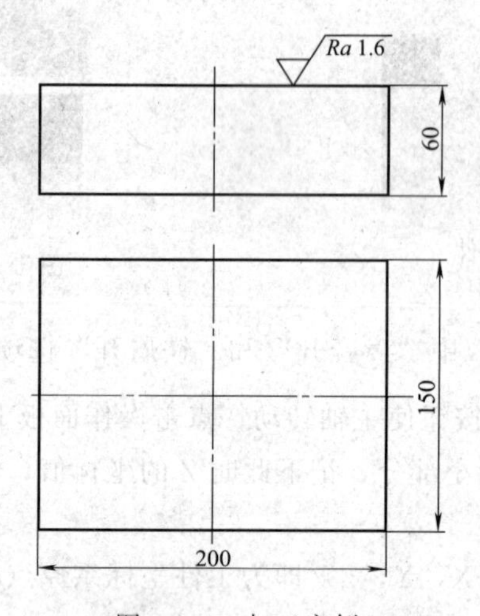

图 4-106　加工实例

二、项目要求

1. 知识要求

① 熟悉数控铣削加工基本编程指令。

② 掌握平面铣削加工工艺。

2. 能力要求

① 能选用合适的夹具安装工件。

② 能合理选择刀具加工平面。

③ 能熟练操作数控铣床及加工中心。

④ 能熟练完成零件的对刀操作。

三、项目指导

1. 数控铣削加工基本编程指令

(1) 绝对值指令 G90 和增量值指令 G91

① 绝对坐标编程 刀具运动过程的刀具位置以一个固定的工件原点为基准，即刀具运动的位置坐标是指刀具相对于工件坐标系原点的绝对坐标值，在程序中用 G90 指定。

② 增量坐标编程 也称为相对坐标编程。刀具运动的位置坐标以刀具起点为基准，即表示刀具终点相对于刀具起点坐标值的增量，在程序中用 G91 指定。

如图 4-107 所示，刀具轨迹为 O→A→B，用 G90 绝对坐标值编程：

G90 G01 X35.0 Y30.0 F100；

X85.0 Y55.0；

用 G91 增量坐标编程：

G90 G01 X35.0 Y30.0 F100；

X50.0 Y25.0；

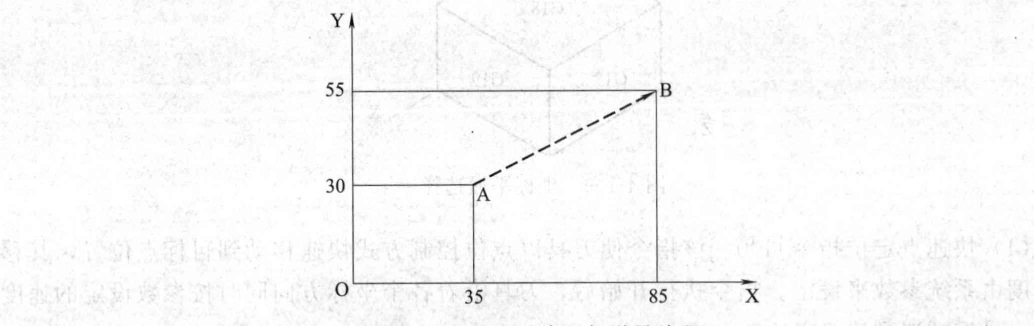

图 4-107 绝对编程与增量编程

(2) 工件坐标系零点偏置指令 G54～G59 工件坐标系零点偏置指令的实质就是设置工件坐标系原点在机床坐标系中的绝对坐标值。其设定过程为：选择装夹后的工件上的编程原点，找出该点在机床坐标系中的绝对坐标值，将这些值通过机床面板操作输入机床偏置存储器参数中，从而将零点偏置到该点。

通过零点偏置设定的工件坐标系，只要不对其进行修改、删除操作，该工件坐标系将永久保存，即使机床关机，其坐标系也将保留。通常适用于批量零件加工时使用。

一般通过对刀操作和对机床面板的操作，通过输入不同的零点偏置数值，可以设定 G54～G59 六个不同的工件坐标系。在编程及加工过程中可以通过 G54～G59 指令来对不同的工件坐标系进行选择，如图 4-108 所示。

G90；(绝对坐标编程)

G54 G00 X0.0 Y0.0；(选择 G54 工件坐标系，快速定位到该坐标系 XY 平面原点)

G55 G00 X0.0 Y0.0；(选择 G55 工件坐标系，快速定位到该坐标系 XY 平面原点)

G57 G00 X0.0 Y0.0；(选择 G57 工件坐标系，快速定位到该坐标系 XY 平面原点)

G58 G00 X0.0 Y0.0；(选择 G58 工件坐标系，快速定位到该坐标系 XY 平面原点)

(3) 坐标平面选择指令 G17、G18、G19 坐标平面选择指令是用来选择圆弧插补平面和刀具补偿平面的。右手笛卡尔直角坐标的三个互相垂直的轴 X、Y、Z 两两组合，分别构成三个平面，即 XY 平面、XZ 平面和 YZ 平面。G17 表示 XY 平面，G18 表示 XZ 平面，

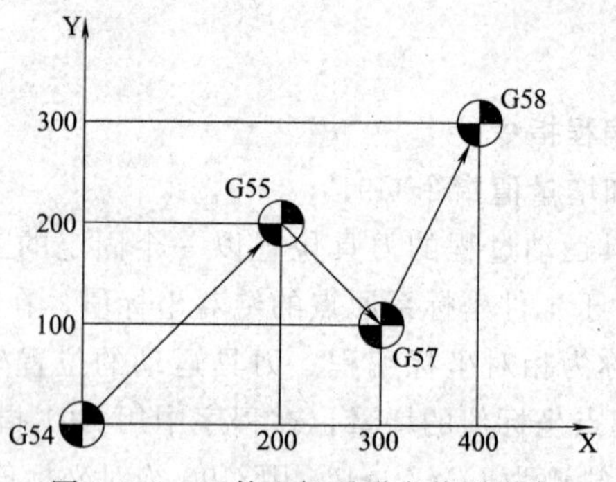

图 4-108 工件坐标系零点偏置指令

G19 表示 YZ 平面，如图 4-109 所示。

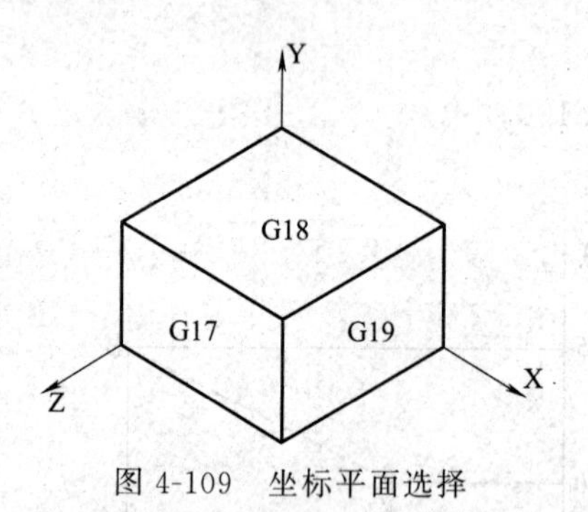

图 4-109 坐标平面选择

（4）快速点定位指令 G00 该指令使刀具以点位控制方式快速移动到目标点位置，其移动速度由系统参数来设定。指令执行开始后，刀具沿着各个坐标方向同时按参数设定的速度移动，最后减速到达终点。

应当注意，在各坐标方向上有可能不是同时到达终点。刀具移动轨迹是几条直线段的组合，不是一条直线。例如，在 FANUC 系统中，运动总是先沿 45°角的直线移动，最后再在某一轴单向移动至目标点位置，如图 4-110 所示。编程人员应了解所使用的数控系统的刀具移动轨迹情况，以避免加工中可能出现的碰撞。

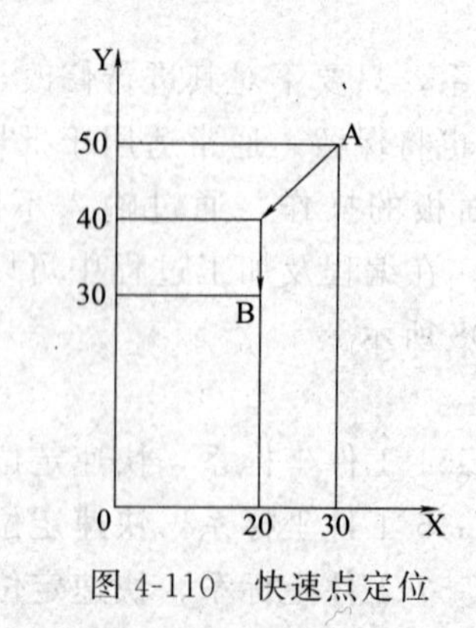

图 4-110 快速点定位

格式：

G00 X__ Y__ Z__；

其中，X、Y、Z 的值为快速点定位的终点坐标值。

例如，从点 A 到点 B 快速移动的程序段为

G90 G00 X20.0 Y30.0；

(5) 直线插补 G01 用于产生按指定进给速度实现的空间直线运动。

格式：

G01 X__ Y__ Z__ F__；

其中，X、Y、Z 的值为直线插补的终点坐标值。

(6) 圆弧插补 G02/G03 G02 表示顺时针圆弧插补，G03 表示逆时针圆弧插补。顺时针圆弧、逆时针圆弧的判别方法与数控车床相同，如图 4-111 所示。

考虑到圆弧插补所在的坐标平面，其程序格式分别为

G17 G02/G03 X__ Y__ I__ J__（或 R）F__；

G18 G02/G03 X__ Z__ I__ K__（或 R）F__；

G19 G02/G03 Y__ Z__ J__ K__（或 R）F__；

其中，X、Y、Z 为圆弧终点的坐标值；I、J、K 为圆心相对于圆弧起点分别在 X、Y、Z 坐标轴上的增量坐标值；R 为圆弧半径。

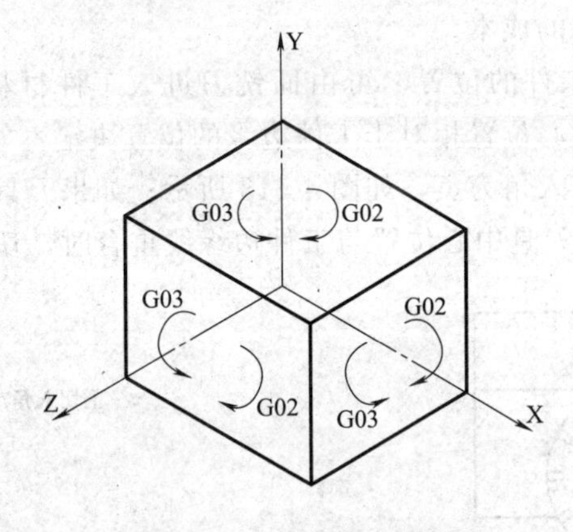

图 4-111 圆弧方向判断

2. **平面铣削加工工艺设计**

(1) 平面铣削刀具 平面铣削是控制工件高度的加工。平面铣削通常使用的刀具是面铣刀，为多齿刀具。面铣刀加工垂直于它的轴线的工件上表面。面铣刀的结构如图 4-112 所示。

图 4-112 面铣刀

面铣刀的圆周表面和端面上都有切削刃，端部切削刃为副切削刃。面铣刀多制成套式镶齿结构，刀齿为高速钢或硬质合金，刀体为40Cr。刀片和刀齿与刀体的安装方式有整体式、机夹焊接式和可转位式三种，其中可转位式是当前最常用的一种夹紧方式。根据面铣刀刀具型号的不同，面铣刀直径可取 ϕ40～400mm，螺旋角为10°，刀齿数取4～20。

在数控铣削编程与加工中，平面铣削需要考虑三个问题：刀具直径的选择；铣削中刀具相对于工件的位置；刀具的刀齿。

① 面铣刀直径的选择　平面铣削最重要的是对面铣刀直径的选择。对于单次平面铣削，面铣刀最理想的直径应为工件宽度的1.3～1.6倍，可以保证切屑较好地形成和排出。如需要切削的宽度为80mm，那么选用直径为120mm的面铣刀比较合适。对于面积过大的平面，由于受到多种因素的限制，如考虑到机床功率、刀具几何尺寸、安装刚度、每次切削的深度和宽度等加工因素，面铣刀刀具直径不可能比平面宽度更大时，宜多次铣削平面。

在铣削过程中，应尽量避免面铣刀刀具的全部刀齿参与铣削，即应尽量避免对宽度等于或稍大于刀具直径的工件进行平面铣削。面铣刀整个宽度全部参与铣削会迅速磨损刀片的切削刃，并容易使切屑黏结在刀齿上。此外，工件表面质量也会受影响，严重时会造成刀片过早报废，从而增加加工工件的成本。

② 铣削中刀具相对于工件的位置　可由面铣刀进入工件材料时的切削切入角来确定。平面铣刀的切入角由刀具中心位置相对于工件边缘的位置决定：如果刀具中心位置在工件内（但不与工件中心重合），切入角为负，如图4-113所示；如果刀具中心位置在工件外，切入角为正，如图4-114所示；刀具中心位置与工件边缘线重合时，切入角为零。

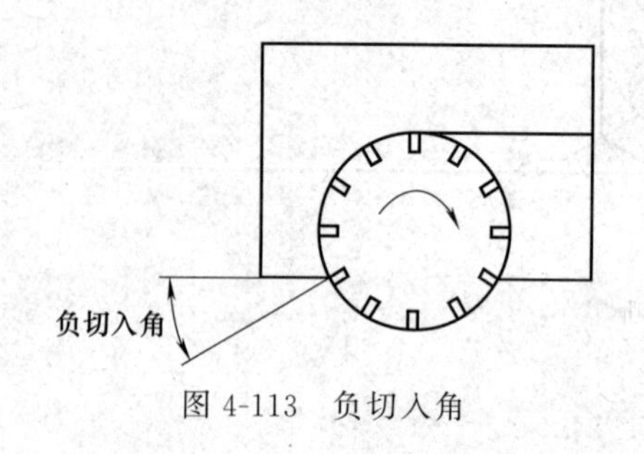

图4-113　负切入角

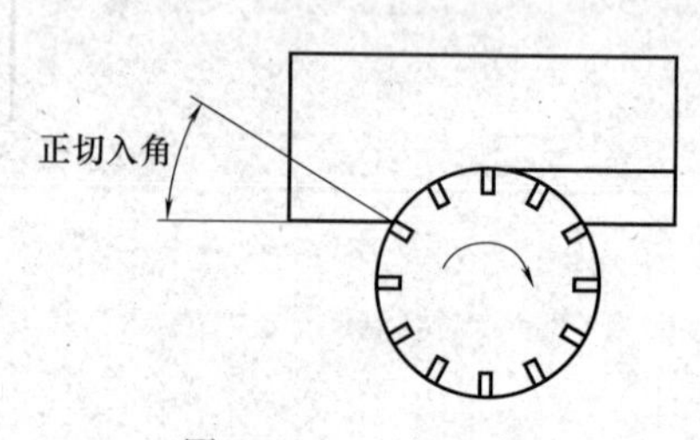

图4-114　正切入角

如果工件只需一次切削，应避免刀具中心轨迹与工件中心线重合，因为刀具中心处于工件中间位置时容易引起振动，从而使加工质量变差，因此刀具轨迹应偏离工件中心线。在多次切削中，应避免刀具中心线与工件边缘线重合，因为当刀具中心轨迹与工件边缘重合时，刀具刀片进入工件材料时的冲击力最大。使用负切入角是首选方法，即应尽量让面铣刀中心在工件区域内。如果切入角为正，刚刚切入工件时，刀片相对于工件材料冲击速度大，引起的碰撞力也较大，所以正切入角容易使刀具破损或产生缺口，因此拟定刀具中心轨迹时，应避免正切入角的产生。使用负切入角时，已切入工件材料的刀片承受最大切削力，而刚切入工件的刀片将受力较小，引起的碰撞力也较小，从而可延长刀片寿命，且引起的振动也小一些。

③ 刀具的刀齿　CNC加工中，面铣刀为具有可互换的硬质合金可转位刀片的多齿刀具。平面铣削加工中并不是所有的刀片都同时参与加工，每一可转位刀片只在主轴旋转一周内的部分时间中参与工作，这种断续切削的特点与刀具寿命有重要关系。可转位刀片的几何角度、切削刀片的数量都会对面铣加工产生重要的影响。

面铣刀为多齿刀具，刀具可转位刀片数量与刀具有效直径之间的关系通常称为刀齿密度或刀具节距。根据刀齿数量，可将面铣刀分为小密度、中密度和大密度三类。

小密度类型的刀具最为常见，应用面较广。密齿铣刀因刀片密度较大，同时进入工件的刀片较多，所需的机床功率较大，而且不一定能保证足够的切削间隙，这样切屑就不能及时排出，因此密齿铣刀主要用在切屑量小的精加工场合。此外，选择刀齿密度时还要保证在任何时刻都能至少有一个刀片正在切削材料，这样可避免由于突然中断切削引起冲击而对刀具或机床造成损坏，使用大直径平面铣刀加工小宽度工件时尤其要注意这种情况。

(2) 平面铣削的加工路线　单次平面铣削的一般原则同样也适用于多次铣削。由于平面铣刀的直径通常太小而不能一次切除较大区域内的所有材料，因此在同一深度需要多次切削。

铣削大平面时，可分为单向多次切削和双向往复切削两种加工方式，如图 4-115 所示。单向多次切削时，切削起点在工件的同一侧，另一侧为终点，每次完成切削后，刀具从工件上方回到切削起点的同一侧。这是平面铣削中常见的方法。频繁的快速返回运动导致效率很低，但能保证面铣刀的切削总是顺铣。双向往复切削的效率比单向多次切削要高，但铣削时刀具要在顺铣和逆铣间反复切换，在精铣平面时会影响加工质量，因此平面质量要求高的平面精铣通常并不使用这种切削路线。

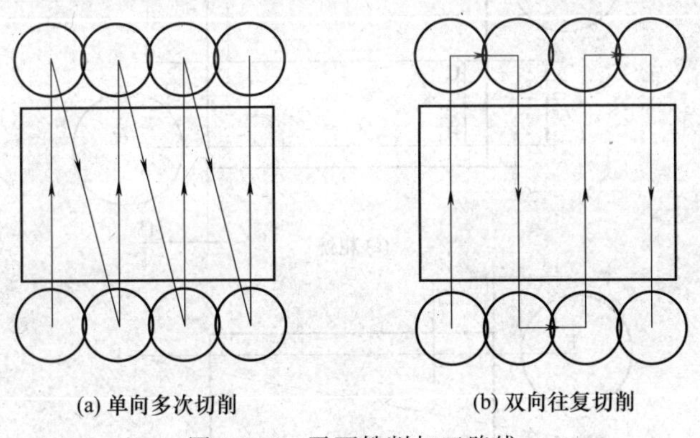

图 4-115　平面铣削加工路线

四、项目实施

任务一　工 艺 分 析

1. 零件图样分析

如图 4-106 所示，毛坯尺寸为 200mm×150mm×65mm。零件的主要加工面为上表面，平面高度由原来的 65mm 加工到 60mm，加工余量为 5mm。零件图中示注明公差，尺寸精度要求不高，但表面粗糙度要求较高。

2. 工艺分析

根据图样分析，平面加工余量为 5mm，表面粗糙度要求较高。为了保证表面质量，分为粗铣和精铣两个工步完成加工，精加工的加工余量取 0.2mm。

3. 工件装夹

以工件底面和侧面作为定位基准，在平口钳上装夹工件，工件上表面高出钳口 10～15mm，工件底面用垫块托起，在平口钳上夹紧前后两侧面。平口钳用 T 形槽螺栓固定在数控铣床工作台上。

4. **刀具的选择**

零件上表面尺寸不太大，用硬质合金可转位面铣刀、硬质合金可转位立铣刀和高速钢立铣刀均可。为了提高加工效率，选用 $\phi80$ 面铣刀。粗加工与精加工均使用同一把刀具。

5. **量具的选择**

平面间的距离用游标卡尺检测，表面质量用表面粗糙度样板检测，百分表用于工件的安装找正。

6. **切削用量选择**

粗加工：$n=600\text{r/min}$，$v_f=200\text{mm/min}$，$a_p=4.8\text{mm}$。

精加工：$n=1000\text{r/min}$，$v_f=120\text{mm/min}$，$a_p=0.2\text{mm}$。

7. **加工路线**

粗铣采用双向往复切削进给路线，精铣采用单向多次切削进给路线，如图 4-116 所示。刀路的行间距取刀具直径的 75%（即 60mm），图 4-116（b）中虚线为抬刀后的轨迹。

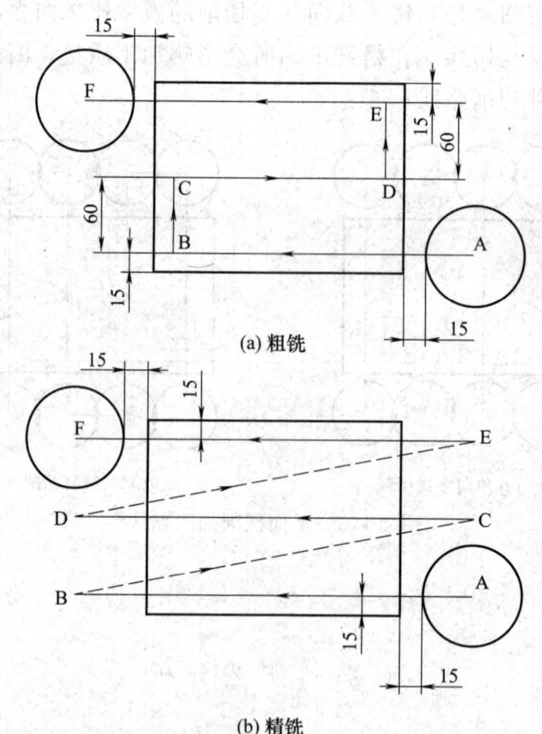

图 4-116 平面铣削加工路线

任务二 程序编制

1. **工件坐标系的确定**

为计算方便，工件坐标系原点设定在工件上表面中心处。利用寻边器、Z 轴对刀器进行对刀，确定工件坐标系原点 O。

2. **编程点坐标的确定**

根据图 4-116 所示的加工路线，可直接计算出各点坐标。

粗加工：A（155，－60）、B（－85，－60）、C（－85，0）、D（85，0）、E（85，60）、F（－155，60）。

精加工：A（155，－60）、B（－155，－60）、C（155，0）、D（－155，0）、E（155，60）、F（－155，60）。

3. 编写加工程序

该零件采用FANUC数控系统的指令与规则编写加工程序，具体见表4-21。

表4-21 参考程序

程 序	说 明
O1001；	程序名
G90 G54 G40 G17；	程序初始化
S600 M03 T01；	选1号刀1号刀补
G00 X155.0 Y－60.0 Z100.0；	刀具定位至A点，Z向为起始高度
Z50.0；	下刀至安全高度
Z－4.8；	下刀
G01 X－85.0 Y－60.0 F200	A→B
Y0.0；	B→C
X85.0；	C→D
Y60.0；	D→E
X－155.0；	E→F
G00 Z50.0；	抬刀至安全高度
S1000；	主轴转速升至1000r/min
G00 X155.0 Y－60.0；	定位至A点
Z－5.0；	下刀
G01 X－155.0 F120；	A→B
G00 Z5.0；	抬刀
X155.0 Y0.0；	定位至C点
Z－5.0；	下刀
G01 X－155.0 F120；	C→D
G00 Z5.0；	抬刀
X155.0 Y60.0；	定位至E点
G00 Z－5.0；	下刀
G01 X－155.0 F120；	E→F
G00 X50.0；	退刀
M05；	主轴停
M30；	程序结束

任务三 机床操作

1. 加工准备

① 阅读零件图样，检查坯料尺寸。

② 开机，机床回零操作。

③ 输入程序并检查程序正确性。

④ 安装夹具，夹紧工件。装夹时用垫铁垫起毛坯，用平口钳装夹工件，使毛坯上表面高出钳口10～15mm。

⑤ 准备刀具。该零件使用一把刀具，安装时要严格按照步骤执行，并检查刀具安装的牢固程度。

2. 对刀，设定工件坐标系

（1）X、Y轴对刀

① 安装寻边器。

② 用MDI方式使主轴旋转，在工件上方将寻边器快速移动至工件左方，Z轴下刀到一定深度，在手轮方式下将寻边器与工件侧面接触，记下此时机床X坐标值。

③ 手动抬刀，Z轴移动至工件上方，在相对坐标里将X坐标清零，此时X坐标值为0。

④ 在工件上方将寻边器快速移动至工件右方，Z 轴下刀至一定深度，在手轮方式下将寻边器与工件侧面接触，记下此时机床 X 坐标值 X_1。

⑤ 手动抬刀，Z 轴移动至工件上方，再将寻边器移动至相对坐标值为 $X_1/2$ 处，此位置为工件 X 向中心，将该位置对应的 X 轴机械坐标值存至零点偏至 G54～G59 中。

⑥ 采用同样的方法可找正工件 Y 向中心。

(2) Z 轴对刀　需要加工所用的刀具找正。可用已知厚度的塞尺或 Z 轴对刀器作为刀具与工件的中间衬垫，以保护工件表面。将刀具 Z 向所对应的零点机械坐标值存至零点偏至 G54～G59 中。

3. 程序校验

利用数控机床图形显示功能进行校验，也可采用数控加工仿真软件进行。在数控编程中，程序校验推荐采用数控仿真软件进行。

4. 自动加工

启动程序进行自动加工，并根据加工情况使用主轴、进给速度倍率开关适当调整切削速度、进给速度。

5. 尺寸测量

自动加工结束后，按图样要求对工件进行检测，并进行误差及质量分析。

6. 结束加工

松开夹具，卸下工件，清理机床，关闭数控系统电源，关闭机床总电源。

任务四　质量检测

具体见表 4-22。

表 4-22　评分表

项目比重	序号	技术要求	配分	评分标准	检测记录	得分
工艺与程序（30 分）	1	程序格式规范	10	不规范每处扣 2 分		
	2	工艺过程规范、合理	10	不合理每处扣 5 分		
	3	切削用量合理	10	不合理每处扣 5 分		
机床操作（20 分）	4	工件、刀具选择安装正确	5	不正确每处扣 5 分		
	5	对刀及坐标系设定正确	5	不正确每处扣 2 分		
	6	机床操作规范	5	不规范每处扣 2 分		
	7	意外情况处置得当	5	出错全扣		
工件质量（15 分）	8	尺寸精度符合要求	10	不合格每处扣 2 分		
	9	表面粗糙度符合要求	5	不合格每处扣 2 分		
文明生产（15 分）	10	安全操作	10	出错全扣		
	11	机床清理	5	不合格全扣		
相关知识及职业能力（20 分）	12	数控加工知识	10	提问		
	13	表达沟通能力	10	根据学生的实际情况酌情给 0～10 分		
		合作能力				
		创新能力				

项目十一 外轮廓加工

一、项目描述

如图 4-117 所示零件图，毛坯尺寸为 100mm×80mm×40mm，材料为 45 钢，试编写零件的加工程序并进行加工。

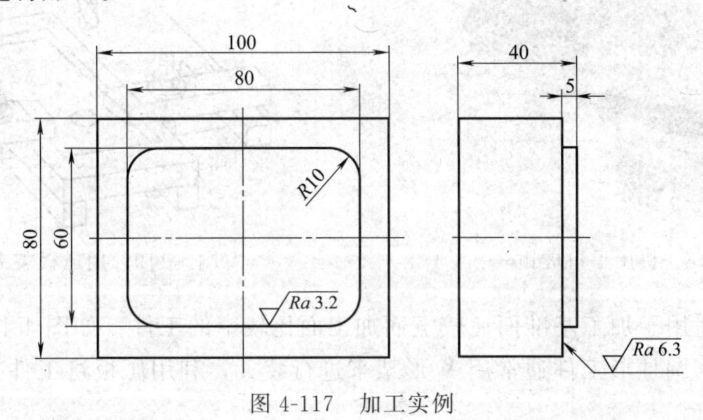

图 4-117 加工实例

二、项目要求

1. 知识要求

① 熟悉数控铣削加工常用夹具。

② 熟悉轮廓类零件加工和刀具。

③ 了解数控铣削刀柄系统。

④ 掌握轮廓铣削加工工艺。

⑤ 掌握刀具半径补偿指令 G41、G42、G40。

2. 能力要求

① 能合理选择轮廓类零件加工刀具。

② 能合理制定轮廓类零件的数控加工工艺。

③ 能使用刀具半径补偿指令完成轮廓类零件的粗、精加工。

三、项目指导

1. 数控铣削加工常用夹具

(1) 机用平口虎钳　结构如图 4-118 所示。虎钳在机床上安装的大致过程为：清除工作台面和机用平口虎钳底面的杂物及毛刺，将机用平口虎钳定位键对准工作台 T 形槽，调整两钳口平行度，然后紧固机用平口虎钳。

工件在机用平口虎钳上装夹时应注意，装夹毛坯面或表面有硬皮时，钳口应加垫铜皮或采用铜钳口；选择高度适当、宽度稍小于工件的垫铁，使工件的余量层高出钳口；在粗铣和半精铣时，尽量使铣削力指向固定钳口，因为固定钳口比较牢固。

要保证机用平口虎钳在工作台上的正确位置，必要时用百分表找正固定钳口面，使其与工作台运动方向平行或垂直。夹紧时，应使工件紧靠在平行垫铁上。工件高出钳口或伸出钳口两端的距离不能太多，以防铣削时产生振动。

（2）压板　对中型、大型和形状比较复杂的零件，一般采用压板将工件紧固在数控铣床工作台的台面上，如图 4-119 所示。压板装夹工件时所用工具比较简单，主要是压板、垫铁、螺栓及螺母。为满足不同形状零件的装夹需要，压板的形状种类也较多。

图 4-118　机用平口虎钳

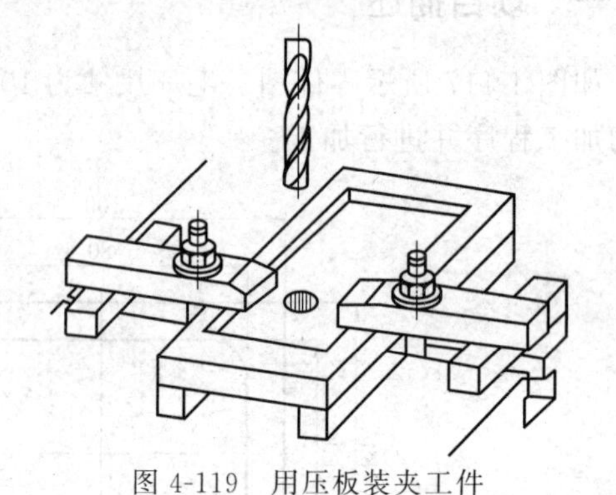
图 4-119　用压板装夹工件

（3）角铁　适用于加工基准面比较宽而加工面比较窄的工件，如图 4-120 所示。

（4）V 形架　圆柱形工件通常用 V 形架来进行装夹，利用压板将工件夹紧，如图 4-121 所示。

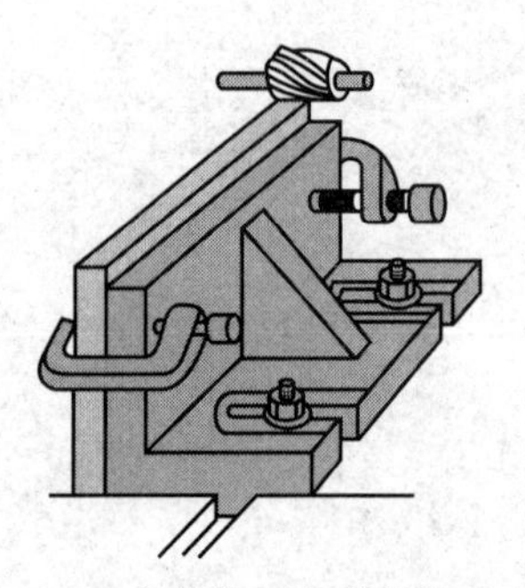
图 4-120　角铁装夹宽而薄的垂直面

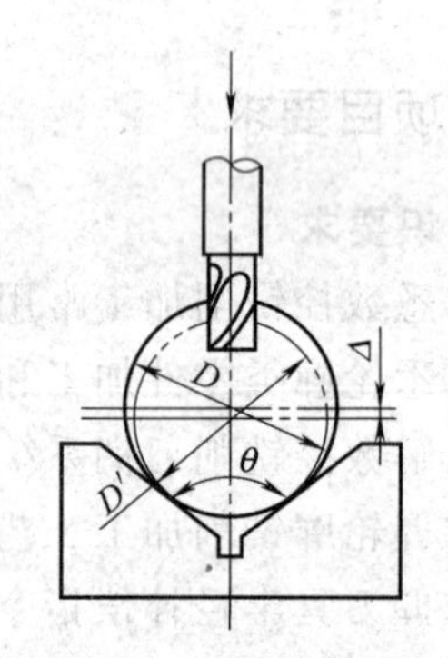

图 4-121　V 形架装夹铣键槽

（5）数控分度头　是数控铣床常用的通用夹具之一，如图 4-122 所示。许多机械零件（如花键）在铣削时，需要利用分度头进行圆周分度，铣削等分的齿槽。数控分度头在数控铣床上的主要功能是：将工件作任意的圆周等分；把工件轴线装夹成水平、垂直或倾斜的位置。

（6）三爪自定心卡盘　适用于装夹轴类、盘套类零件。其最大优点是可以自动定心，一般装夹工件时不需要找正，夹持范围大，装夹速度较快，如图 4-123 所示。

图 4-122　数控分度头

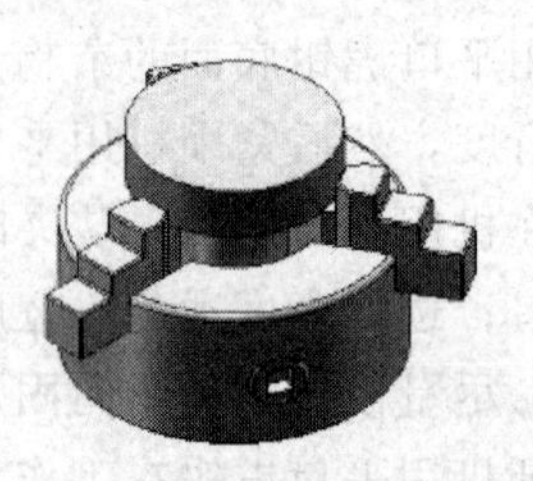
图 4-123　三爪自定心卡盘

2. 轮廓类加工刀具

(1) 立铣刀　是数控机床上用得最多的一种铣刀，立铣刀圆柱表面和端面上都有切削刃，它们可同时进行切削，也可单独进行切削。立铣刀能够完成的加工内容包括圆周铣削和轮廓加工，槽和键槽铣削，开放式和封闭式型腔、小面积的表面加工，薄壁的表面加工，平底沉头孔、孔面加工，倒角及修边等。

图 4-124 所示为整体式立铣刀，材料有高速钢和硬质合金两种，底部有圆角、斜角和尖角等几种形式。该立铣刀的主切削刃分布在铣刀的圆柱面上，副切削刃分布在铣刀的端面上。主切削刃一般为螺旋齿，以增加切削平稳性，提高加工精度。由于普通立铣刀端面中心处无切削刃，所以立铣刀不能作轴向进给，端面刃主要用来加工与侧面相垂直的底平面。

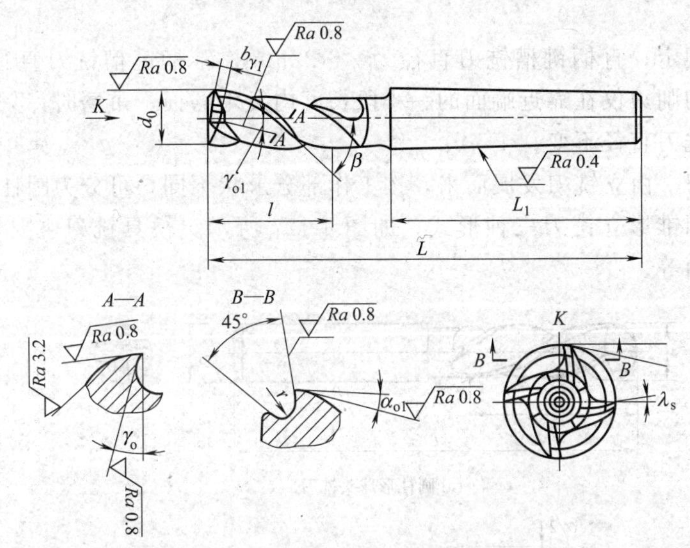

图 4-124　整体式立铣刀

为了能加工较深的沟槽，并保证有足够的备磨量，立铣刀的轴向长度一般较长。为改善切屑卷曲情况，增大容屑空间，防止切屑堵塞，立铣刀刀齿数比较少，容屑槽圆弧半径较大。整体式立铣刀有粗齿和细齿之分，粗齿齿数 3～6 个，适用于粗加工；细齿齿数 5～10 个，适用于半精加工。柄部有直柄、莫氏锥柄、7∶24 锥柄等多种形式。整体式立铣刀应用较广，但切削效率较低。

图 4-125 所示为硬质合金可转位式立铣刀，其基本结构与高速钢立铣刀相差不多，但切削效率大大提高，是高速钢立铣刀的 2～4 倍，适用于数控铣床、加工中心的切削加工。

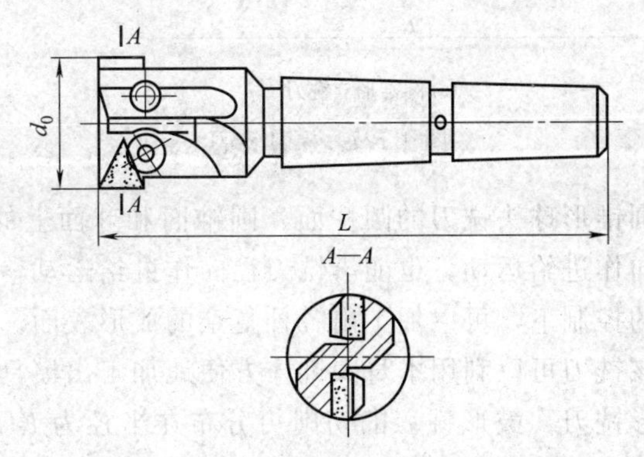

图 4-125　硬质合金可转位式立铣刀

(2) 键槽铣刀　如图 4-126 所示，主要用于加工圆头封闭键槽。它有两个刀齿，圆柱表面和端面上都有切削刃，端面刃开至中心，既像立铣刀，又像钻头。用键槽铣刀加工键槽时，先轴向进给达到槽深，然后沿键槽方向铣出键槽全长。

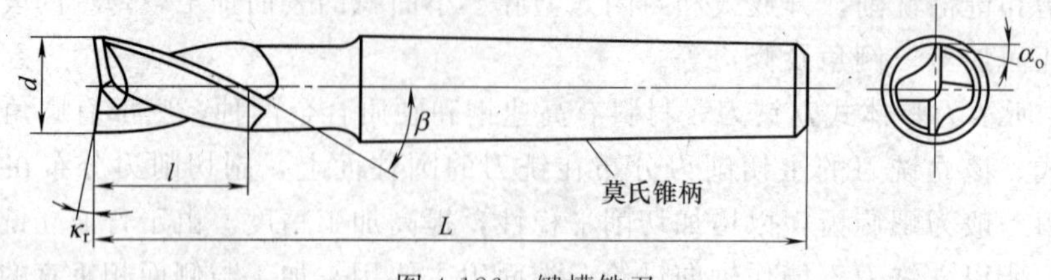

图 4-126　键槽铣刀

按国家标准规定，直柄键槽铣刀直径为 2～22mm，锥柄键槽铣刀直径为 14～50mm，键槽铣刀的圆周切削刃仅在靠近端面的一小段长度内发生磨损，重磨时，只需刃磨端面切削刃，因此重磨后铣刀直径不变。

(3) 模具铣刀　由立铣刀发展而来，按工作部分形状不同，可分为圆柱形球头铣刀、圆锥形球头铣刀和圆锥形立铣刀三种形式，如图 4-127 所示。模具铣刀主要用于加工模具型腔、三维成形表面等。

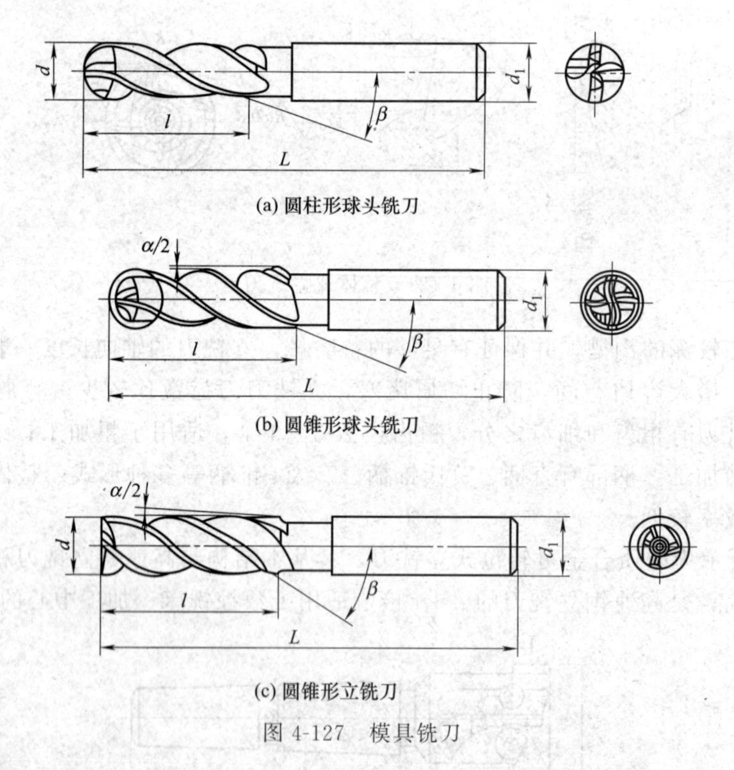

图 4-127　模具铣刀

圆柱形球头铣刀和圆锥形球头铣刀的圆柱面、圆锥面和球面上的切削刃均为主切削刃，铣削时不仅能沿铣刀轴向作进给运动，也能沿铣刀径向作进给运动，而且球头与工件接触往往为一点，在数控铣床的控制下，可以加工出各种复杂的成形表面。圆锥形立铣刀的作用与立铣刀基本相同，只是该铣刀可以利用本身圆锥体方便地加工出模具型腔的出模角。

(4) 鼓形铣刀和成形铣刀　鼓形铣刀的切削刃分布在半径为 R 的圆弧面上，端面上无切削刃，如图 4-128 所示。该刀具主要用于斜角平面和变斜角平面的加工。这种刀具的缺点

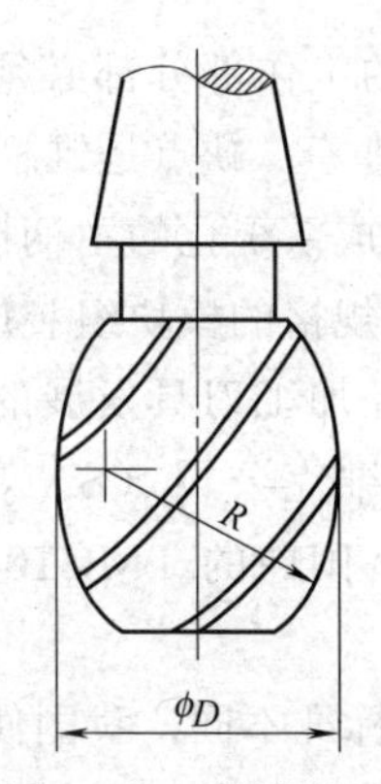

图 4-128　鼓形铣刀

是刃磨困难，切削条件差，而且不适于加工有底的轮廓表面。

成形铣刀是为特定的工件或加工内容专门设计制造的，如角度面、凹槽、特形孔或台阶等，如图 4-129 所示。

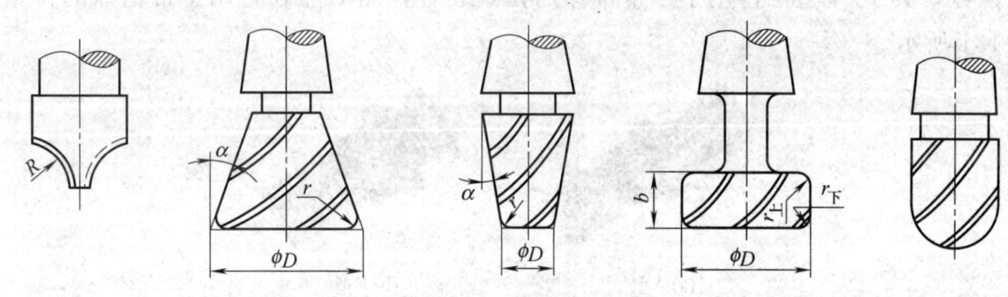

图 4-129　成形铣刀

3. 刀柄系统

数控铣床、加工中心用刀柄系统由三部分组成，即刀柄、拉钉和夹头（或中间模块）。

(1) 刀柄　切削刀具通过刀柄与数控铣床主轴连接，其强度、刚性、耐磨性、制造精度以及夹紧力等对加工有直接的影响。数控铣床刀柄一般采用 7∶24 锥面与主轴锥孔配合定位，刀柄及尾部供主轴内拉紧机构用的拉钉已实现标准化，其使用的标准有国际标准(ISO) 和中国、美国、德国、日本等国的标准。因此，数控铣床刀柄系统应根据所选用的数控铣床要求进行配备。

加工中心刀柄可分为整体式与模块式两类，如图 4-130 所示。整体式结构的特点是将锥

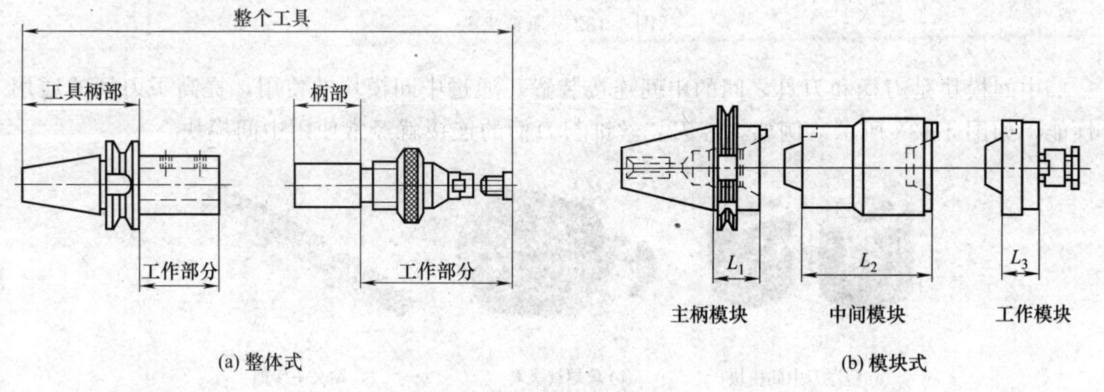

图 4-130　数控镗铣类刀柄系统

柄和接杆连成一体，不同品种和规格的工作部分都必须带有与机床主轴相连的柄部。其优点是结构简单、使用方便可靠、更换迅速等；缺点是锥柄的品种规格和数量较多。模块式结构是指把工具的柄部和工作部分分开，制成系统化的主柄模块、中间模块和工作模块，每类模块中又分为若干小类和规格，然后用不同规格的模块组装成不同用途、不同规格的模块式刀具。

目前，模块式工具系统已成为数控加工刀具发展的方向。国际上有许多应用比较成熟和广泛的模块化工具系统。例如，山特维克公司（SANDVIK）具有较完善的模块式工具系统，在国内许多企业得到较好的应用。国内的 TMG10 工具系统和 TMG21 工具系统也属于模块化结构。

根据刀柄柄部形式及所采用的国家标准不同，我国使用的刀柄常分为 BT（日本 MAS403—75）、JT（GB/T 10944—1989 与 ISO 7388—1983，带机械手夹持槽）、ST（ISO 或 GB 标准，不带机械手夹持槽）和 CAT（美国 ANSI 标准）等几种系列，这几种系列的刀柄除局部槽的形状不同外，其余结构基本相同。

（2）拉钉　加工中心拉钉的尺寸也已标准化，ISO 或 GB 标准规定了 A 型和 B 型两种形式的拉钉，其中 A 型拉钉用于不带钢球的拉紧装置，而 B 型拉钉用于带钢球的拉紧装置，如图 4-131 所示。

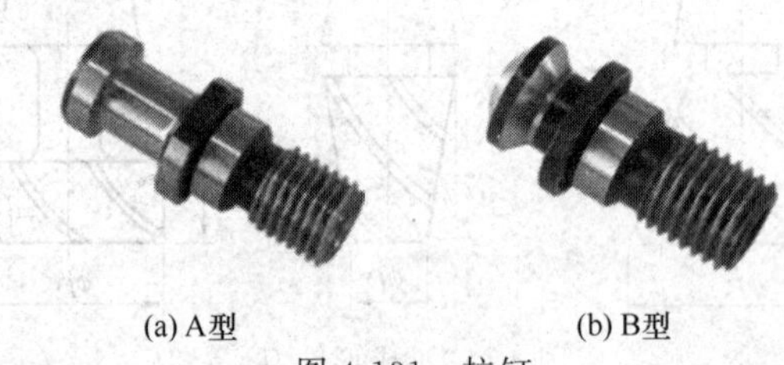

(a) A型　　(b) B型

图 4-131　拉钉

（3）弹簧夹头及中间模块　弹簧夹头有两种，即 ER 弹簧夹头和 KM 弹簧夹头，如图 4-132所示。其中 ER 弹簧夹头的夹紧力较小，适用于切削力较小的场合；KM 弹簧夹头的夹紧力较大，适用于强力铣削。

(a) ER弹簧夹头　　(b) KM弹簧夹头

图 4-132　弹簧夹头

中间模块是刀柄和刀具之间的中间连接装置，通过中间模块的使用，提高了刀柄的通用性能，如图 4-133 所示。例如，镗刀、丝锥与刀柄的连接就经常使用中间模块。

(a) 精镗刀中间模块　　(b) 攻螺纹夹套　　(c) 钻夹头接柄

图 4-133　中间模块

4. **轮廓铣削加工工艺设计**

铣削零件内、外轮廓时，一般用立铣刀侧刃进行切削。切削工件的外轮廓时，刀具切入和切出时要注意避让夹具，并使切入点的位置和方向尽可能是切削轮廓的切线方向，以利于刀具切入时受力平稳；切削工件的内轮廓时，要合理选择切入点、切入方向和下刀位置，避免刀具碰到工件上不应切削的部位。

（1）立铣刀尺寸　数控加工中，必须考虑立铣刀的直径、长度和螺旋槽长度等因素对切削加工的影响。

立铣刀铣削周边轮廓时，所用的立铣刀的刀具半径一定要小于零件内轮廓的最小曲率半径，一般取最小曲率半径的0.8～0.9倍（轮廓粗加工刀具可不受此限），另外，直径大的刀具比直径小的刀具的抗弯强度大，加工中不易引起受力弯曲和振动。

刀具从主轴伸出的长度和立铣刀从刀柄夹持工具的工作部分伸出的长度也应考虑，立铣刀的长度越长，抗弯强度越小，受力弯曲程度越大，这将影响加工的质量，并容易产生振动，加速切削刃的磨损。

不管刀具总长如何，螺旋槽长度决定切削的最大深度。实际应用中一般使Z方向的背吃刀量不超过刀具的半径；直径较小的立铣刀，一般可选择刀具直径的1/3作为背吃刀量。

（2）刀齿数量　小直径或中等直径的立铣刀，通常有两个、三个、四个或更多的刀齿。被加工工件材料类型和加工的性质往往是选择刀齿数量的决定因素。

加工塑性大的工件材料（如铝、镁等）时，为避免产生积屑瘤，常用刀齿少的立铣刀，如两齿（两个螺旋槽）的立铣刀。一方面，立铣刀刀齿越少，螺旋槽之间的容屑空间就越大，可避免在切削量较大时产生积屑瘤；另一方面，刀齿越少，编程的进给量就越小。对较硬的材料刚好相反，此时需要考虑另外两个因素：刀具振动和刀具偏移。在加工脆性材料时，选择多刀齿立铣刀会减小刀具的振动和偏移，因为刀齿越多切削越平稳。

键槽铣刀通常只有两个螺旋槽，可沿Z向切入实心材料。

（3）加工路线　为了改善铣刀开始接触工件和离开工件表面时的状况，一般要设置刀具接近工件和离开工件表面时的特殊运行轨迹，以避免刀具直接与工件表面相撞和保护已加工表面。通常分为直线和圆弧两种切削方式，分别需要设定切削路线长度和切削圆弧半径。

精加工内、外轮廓时，刀具切入工件时，均应尽量避免沿工件轮廓的法向切入，而应沿切削起始点延伸线或切线方向逐渐切入工件，以避免在工件轮廓切入处产生刀痕，保证工件表面平滑过渡。同理，在刀具离开工件时，也应避免在工件的切削终点处直接抬刀（此时抬刀可能造成欠切），而要沿着切削终点延伸线或切线方向逐渐切离工件，如图4-134所示。

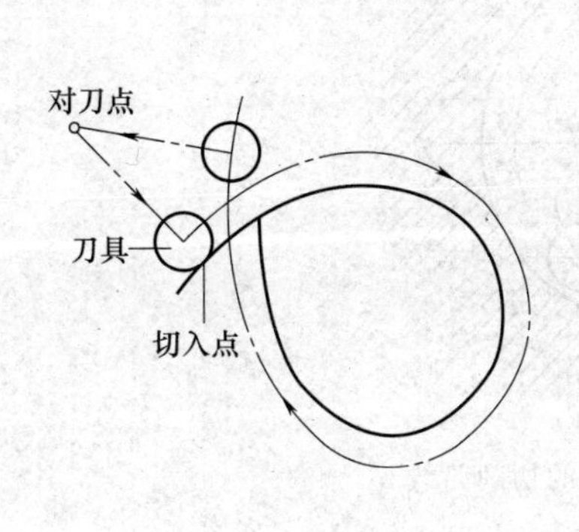

(a) 沿轮廓线延伸线切入切出

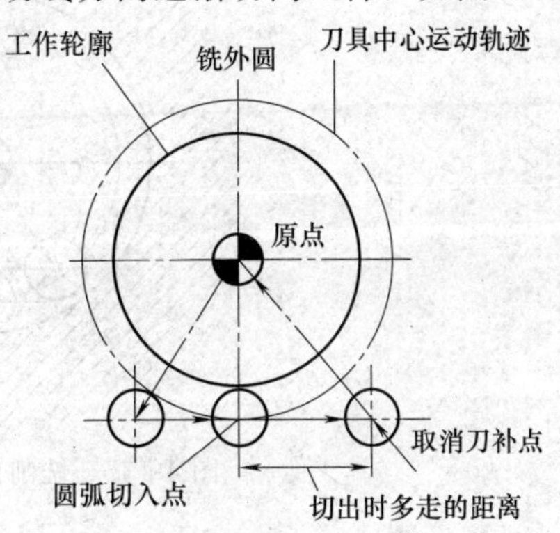

(b) 沿轮廓线切线切入切出

图4-134　铣削外轮廓的切削路线

铣削封闭的内轮廓表面时，若内轮廓曲线允许外延，则应沿切线方向切入切出。若内轮廓曲线不允许外延，则刀具只能沿内轮廓曲线的法向切入切出，并将其切入、切出点选在零件轮廓两几何元素的交点处，如图 4-135 所示。当内部几何元素相切无交点时，为防止刀补取消时在轮廓拐角处留下凹口，刀具切入、切出点应远离拐角，如图 4-136 所示。

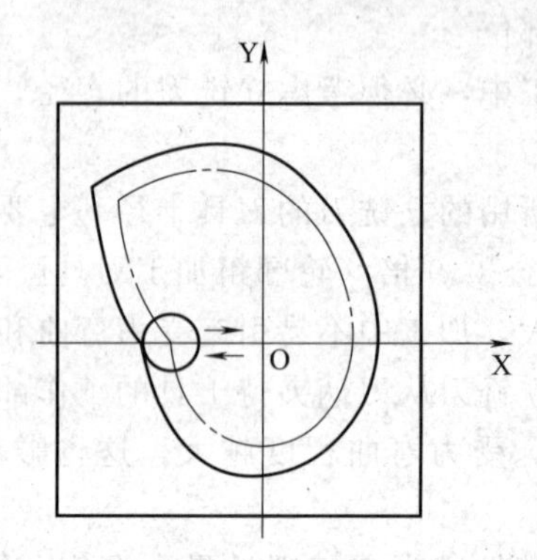

图 4-135 内轮廓加工刀具的切入与切出

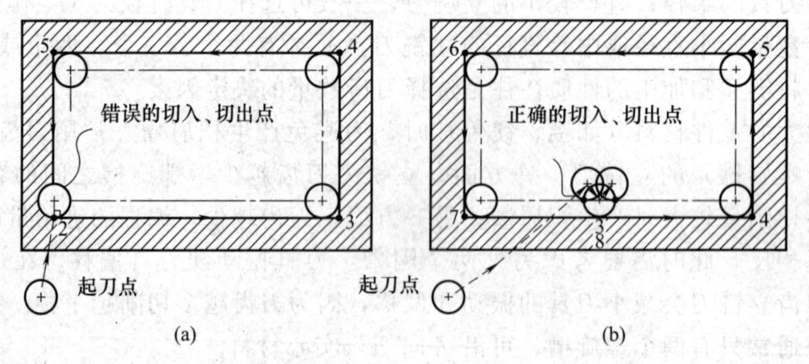

图 4-136 无交点内轮廓加工刀具的切入与切出

当用圆弧插补铣削内圆弧时也要遵循从切向切入、切出的原则。如图 4-137 所示，若刀具从工件坐标原点出发，其加工路线为 1→2→3→4→5，这样，可提高内轮廓表面的加工精度和质量。

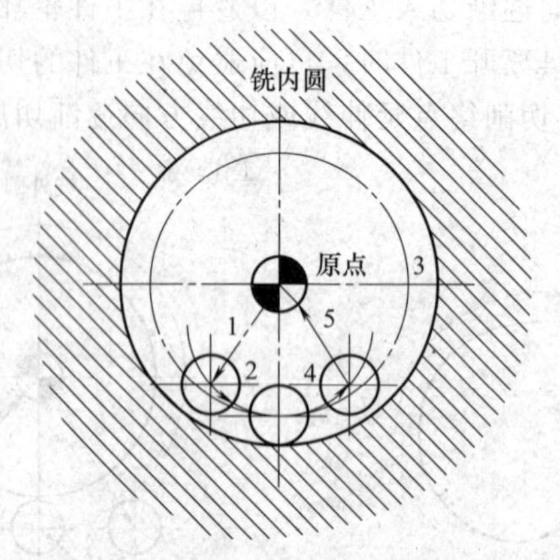

图 4-137 铣削内轮廓的切削路线

(4) 刀具 Z 向高度设置

① 起止高度 是指进刀、退刀的初始高度。在程序开始时，刀具将先到达这一高度，

同时在程序结束后，刀具也将退回到这一高度。起止高度应大于或等于安全高度。安全高度也称为抬刀高度，是为了避免刀具碰撞工件而设定的高度，在铣削过程中，刀具需要转移位置时将退到这一高度再快速运动到下一进刀位置，安全高度一般情况下应大于零件的最大高度（即高于零件的最高表面）。

② 安全间隙　数控加工时，刀具一般先快速进给到工件外某一点，然后再以切削进给速度到加工位置，该点到工件表面的距离称为安全间隙，Z 向距离称为 Z 向安全间隙，侧向距离称为 X、Y 向安全间隙。如果安全间隙过小，刀具有可能以快速进给的速度碰到工件，但也不要设得太大，因为太长的慢速进给距离将影响加工效率。在设定安全间隙时，应充分估计到毛坯余量的不稳定性和可能的刀具尺寸误差，一般在加工中小尺寸零件时，Z 向和 X、Y 向安全间隙设为 5mm 左右是可行的，而加工较大尺寸零件时，安全间隙设为 10～15mm 左右即可。

（5）铣削方式　在铣削加工中，采用顺铣还是逆铣方式是影响加工表面粗糙度的重要因素之一。如图 4-138 所示，逆铣时切削力 F 的水平分力 F_H 的方向与进给运动 f 方向相反，顺铣时切削力 F 的水平分力 F_H 的方向与进给运动 f 的方向相同。铣削方式的选择应视零件图样的加工要求，工件材料的性质、特点及机床、刀具等条件综合考虑。由于数控机床传动采用滚珠丝杠结构，其进给传动间隙很小，顺铣的工艺性优于逆铣。

同时，为了降低表面粗糙度值，提高刀具耐用度，对于铝镁合金、钛合金和耐热合金等材料，应尽量采用顺铣加工。如果零件毛坯为黑色金属锻件或铸件，表皮硬而且余量一般较大，这时采用逆铣较为合理。

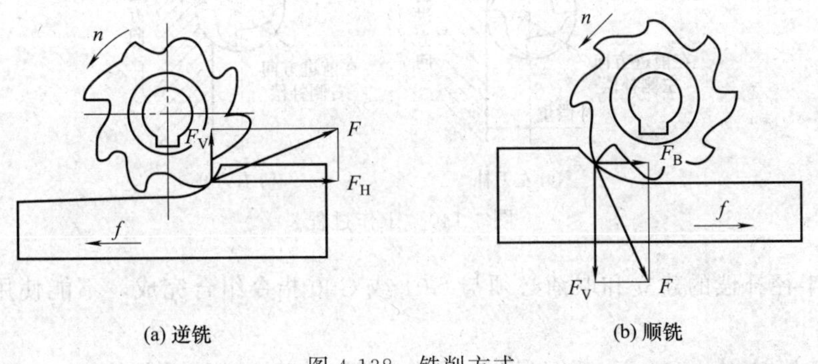

图 4-138　铣削方式

5. 刀具半径补偿

（1）刀具半径补偿含义　用铣刀铣削工件的轮廓时，由于刀具总有一定的半径，刀具中心的运动轨迹与所需加工零件的实际轮廓并不重合。如图 4-139 所示，粗实线为所需加工的

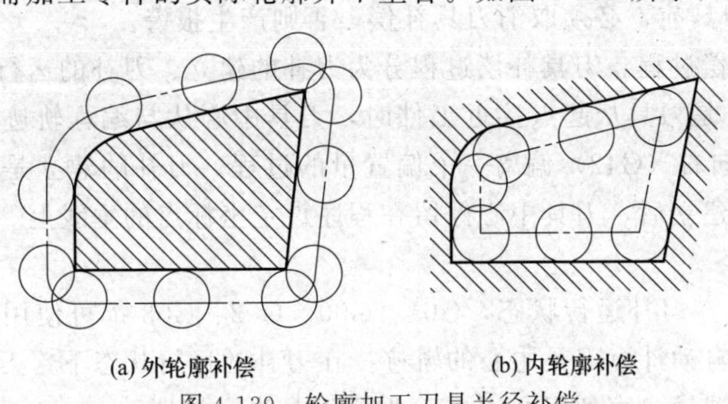

图 4-139　轮廓加工刀具半径补偿

零件轮廓，点划线为刀具中心轨迹。

在进行内轮廓加工时，刀具中心偏离零件内轮廓表面一个刀具半径值。在进行外轮廓加工时，刀具中心又偏离零件外轮廓表面一个刀具半径值。这种偏移，称为刀具半径补偿。若用人工计算刀具中心轨迹编程，计算相当复杂，且刀具直径变化时必须重新计算，修改程序。当数控系统具备刀具半径补偿功能时，数控编程只需按工件轮廓进行，数控系统自动计算刀具中心轨迹，使刀具偏离工件轮廓一个半径值，即进行刀具半径补偿。

（2）刀具半径补偿指令 G41、G42、G40

建立刀补：

G00/G01　G41/G42　X__Y__D__；

取消刀补：

G00/G01　G40　X__Y__；

或 G40；

说明如下：

① G41 为刀具半径左补偿，即沿着刀具前进方向看，刀具位于零件左侧进行补偿，如图 4-140（a）所示；G42 为刀具半径右补偿，即沿着刀具前进方向看，刀具位于零件右侧进行补偿，如图 4-140（b）所示；G40 为取消刀具半径补偿，用于取消 G41、G42 指令。

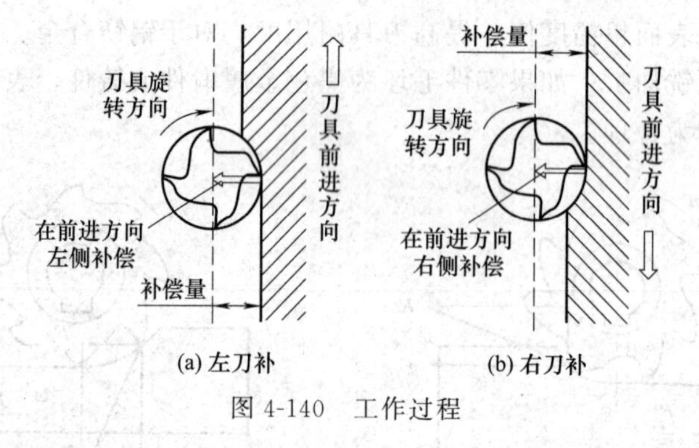

图 4-140　工作过程

② 刀具半径补偿的建立和取消必须与 G01 或 G00 指令组合完成，不能使用圆弧插补指令 G02 或 G03。

③ X、Y 是 G01、G00 运动的目标点坐标，即刀补建立或取消的终点。

④ D 为刀具补偿号，也称刀具偏置代号地址字，后面常用两位数字表示，一般为 00～99。D 代码中存放刀具半径值作为偏置量，用于数控系统计算刀具中心的运动轨迹。偏置量可在手动（MDI）模式下，进入刀具补偿界面，设定半径补偿量。

⑤ 在调用新的刀具前，必须取消刀具补偿，否则产生报警。

（3）刀具半径补偿过程　刀具补偿过程分为刀补的建立、刀补的运行、刀补的取消。

① 刀补的建立　是刀具从起点接近工件时，刀具中心从与编程轨迹重合过渡到与编程轨迹向左（G41）或向右（G42）偏离一个偏置量的过程。刀补的建立是刀具在移动过程中逐渐加上偏置值，当建立后，刀具中心停留在程序设定坐标点的垂线上。图 10-141 所示 OB 段为刀补建立段。

② 刀补的运行　在刀补运行状态，G01、G00、G02、G03 都可使用。数控系统根据读入的相邻两段程序，自动计算刀具中心的轨迹。在刀补的运行状态下，刀具中心轨迹与编程轨迹始终偏离一个偏置量，直到用 G40 指令取消刀具半径补偿。

③ 刀补的取消　完成零件轮廓加工后，刀具中心轨迹需要从补偿状态过渡到与编程轨迹重合的过程。图 4-141 所示 OC 段为刀补取消段。

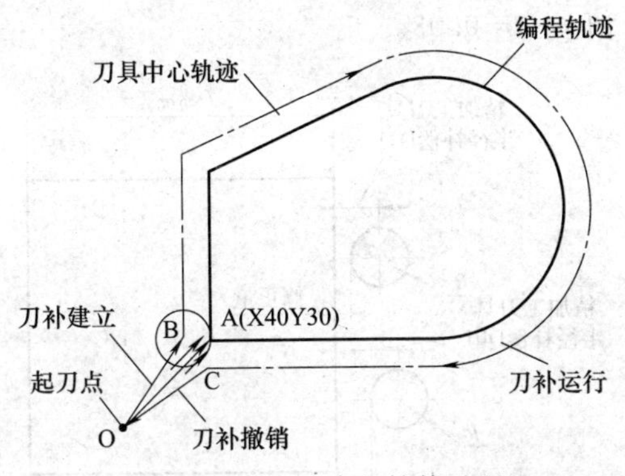

图 4-141　刀具半径补偿过程

在建立刀具半径补偿之前，刀具应远离零件轮廓适当的距离（一般要大于刀具的半径补偿值），且应与选定好的切入点和进刀方式协调，保证刀具半径补偿有效。刀具半径补偿取消的终点应放在刀具切出工件以后，否则会发生碰撞。

(4) 使用刀具半径补偿的注意事项

① 使用刀具半径补偿时应避免过切削现象，如图 4-142 所示。启用刀具半径补偿和取消刀具半径补偿时，刀具必须在所补偿的平面内移动，移动距离应大于刀具补偿值。加工半径小于刀具半径的内圆弧时，进行半径补偿将产生过切削。只有过渡圆角尺寸＞刀具半径＋精加工余量的情况下才能正常切削。被铣削槽底宽小于刀具直径时将产生过切削。

② D00～D99 为刀具补偿号，D00 意味着取消刀具补偿。刀具补偿值在加工或试运行之前必须设定在补偿存储器中。

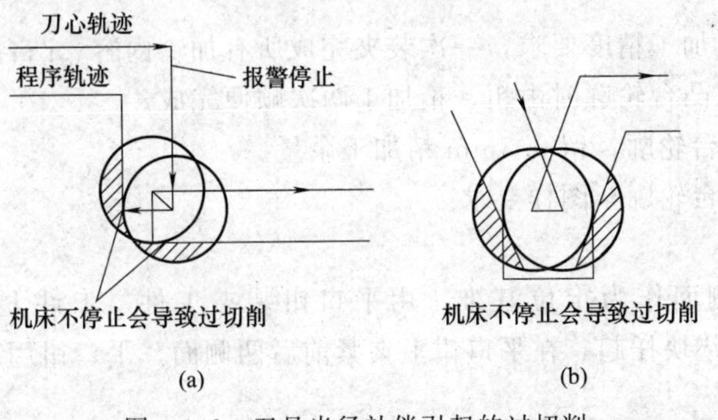

图 4-142　刀具半径补偿引起的过切削

(5) 刀具半径补偿的其他应用

① 刀具半径补偿除方便编程外，还可灵活运用。在实际加工中，如果工件的加工余量比较大，利用刀具半径补偿，可以实现利用同一程序进行粗、精加工。即：

粗加工刀具半径补偿＝刀具半径＋精加工余量

精加工刀具半径补偿＝刀具半径＋修正量

如图 4-143 所示，刀具为 $\phi20$ 立铣刀，现零件粗加工后给精加工留单边余量 1.0mm，则粗加工刀具半径补偿 D01 的值为

$$R_{补}=R_{刀}+1.0=10.0+1.0=11.0\text{mm}$$

粗加工后实测 L 尺寸为 $L+1.98$，则精加工刀具半径补偿 D11 值应为

$$R_{补}=11.0-(1.98+0.03)/2=9.995\text{mm}$$

则加工后工件实际 L 值为 $L-0.03$。

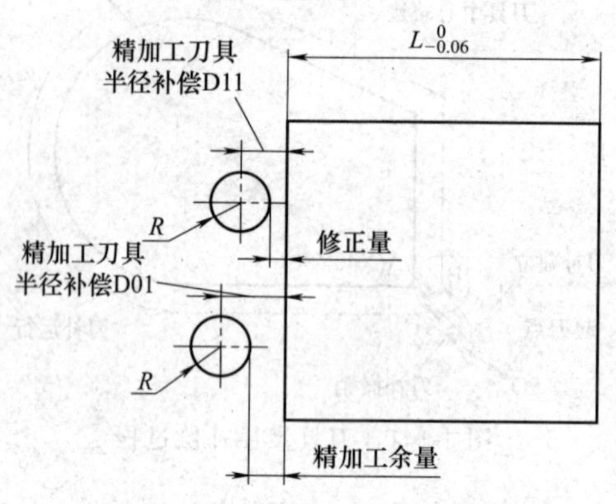

图 4-143 刀具半径补偿的应用

② 刀具因磨损、重磨、换新刀而引起刀具直径改变后，不必修改程序，只需在刀具参数设置中输入变化后的刀具半径即可。

四、项目实施

任务一 工艺分析

1. 零件图样分析

如图 4-117 所示，毛坯尺寸为 100mm×80mm×40mm。零件的加工表面为外轮廓表面和底面，外轮廓表面粗糙度为 $Ra3.2$，底面粗糙度要求为 $Ra6.3$。

2. 工艺分析

根据零件形状及加工精度要求，一次装夹完成所有加工内容。凸台轮廓分粗、精加工两次完成，底面在加工凸台轮廓时由粗、精加工两次顺便完成。

工步 1：粗铣凸台轮廓，留 0.5mm 精加工余量。

工步 2：精铣凸台轮廓至图样要求。

3. 工件装夹

以工件底面和侧面作为定位基准，用平口钳装夹工件，工件上表面高出钳口 10～15mm，工件底面用垫块托起，在平口钳上夹紧前后两侧面。平口钳用 T 形槽螺栓固定在数控铣床工作台上。

4. 刀具的选择

由于是加工外轮廓，应尽量选用大直径刀具，以提高加工效率。现选用 3 齿 $\phi20$ 高速钢立铣刀。

5. 切削用量选择

粗加工：$n=600\text{r/min}$，$v_f=200\text{mm/min}$。

精加工：$n=1000\text{r/min}$，$v_f=120\text{mm/min}$。

6. 加工路线

粗铣和精铣均建立刀具半径补偿，其加工路线如图 4-144 所示。通过修改刀具半径补偿值来完成轮廓的粗、精加工。粗加工刀具半径补偿 D01 的值取 $R_{补}=R_{刀}+0.5$，精加工刀具

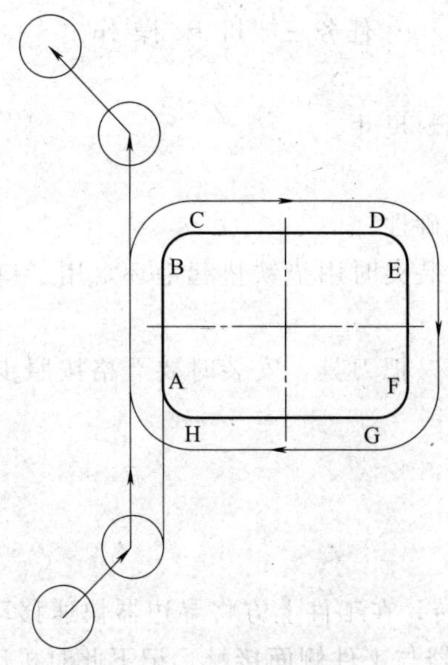

图 4-144　轮廓铣削加工路线

半径补偿值取 $R_{补}=R_{刀}$。

任务二　程序编制

1. 工件坐标系的确定

为计算方便，工件坐标系原点设定在工件上表面中心处。利用寻边器、Z 轴对刀器进行对刀，确定工件坐标系原点 O。

2. 编程点坐标的确定

根据图 4-144 所示的加工路线，可直接计算出各点坐标：A（−40，−20）、B（−40，20）、C（−30，30）、D（30，30）、E（40，20）、F（40，−20）、G（30，−30）、H（−30，−30）。

3. 编写加工程序

该零件采用 FANUC 数控系统的指令与规则编写加工程序，具体见表 4-23。

表 4-23　参考程序

程　序	说　明
O1101；	程序名
G90 G54 G40 G17；	程序初始化
S600 M03 T01；	主轴正转
G00 X−80.0 Y−80.0 Z100.0；	靠近工件
Z50.0；	下刀至安全高度
Z−4.8；	下刀(粗铣轮廓用程序里的值，精铣轮廓 Z 为−5.0)
G01 G41 X−40.0 Y−60.0 D01 F200	建立刀具半径左补偿
G01 X−40.0 Y20.0；	切入工件
G02 X−30.0 Y30.0 R10.0；	B→C
G01 X30.0 Y30.0；	C→D
G02 X40.0 Y20.0 R10.0；	D→E
G01 X40.0Y−20.0；	E→F
G02 X30.0 Y−30.0 R10.0；	F→G
G01 X−30.0 Y−30.0；	G→H
G02 X−40.0 Y−20.0 R10.0；	H→A
G01 X−40.0 Y60.0；	切出工件
G01 G40 X−80.0 Y80.0；	取消刀具半径左补偿
Z50.0；	抬刀至安全高度
M05；	主轴停止
M30；	程序结束

任务三 机床操作

1. 加工准备

① 阅读零件图样，检查坯料尺寸。

② 开机，机床回零操作。

③ 输入程序并检查程序正确性。

④ 安装夹具，夹紧工件。装夹时用垫铁垫起毛坯，用平口钳装夹工件，使毛坯上表面高出钳口 10～15mm。

⑤ 准备刀具。该零件使用一把刀具，安装时要严格按照步骤执行，并检查刀具安装的牢固程度。

2. 对刀，设定工件坐标系

(1) X、Y 轴对刀

① 安装寻边器。

② 用 MDI 方式使主轴旋转，在工件上方将寻边器快速移动至工件左方，Z 轴下刀到一定深度，在手轮方式下将寻边器与工件侧面接触，记下此时机床 X 坐标值。

③ 手动抬刀，Z 轴移动至工件上方，在相对坐标里将 X 坐标清零，此时 X 坐标值为 0。

④ 在工件上方将寻边器快速移动至工件右方，Z 轴下刀至一定深度，在手轮方式下将寻边器与工件侧面接触，记下此时机床 X 坐标值 X_1。

⑤ 手动抬刀，Z 轴移动至工件上方，再将寻边器移动至相对坐标值为 $X_1/2$ 处，此位置为工件 X 向中心，将该位置对应的 X 轴机械坐标值存至零点偏至 G54～G59 中。

⑥ 采用同样的方法可找正工件 Y 向中心。

(2) Z 轴对刀　需要加工所用的刀具找正。可用已知厚度的塞尺或 Z 轴对刀器作为刀具与工件的中间衬垫，以保护工件表面。将刀具 Z 向所对应的零点机械坐标值存至零点偏至 G54～G59 中。

3. 程序校验

利用数控机床图形显示功能进行校验，也可采用数控加工仿真软件进行。在数控编程中，程序校验推荐采用数控仿真软件进行。

4. 自动加工

启动程序进行自动加工，并根据加工情况使用主轴、进给速度倍率开关适当调整切削速度、进给速度。

5. 尺寸测量

自动加工结束后，按图样要求对工件进行检测，并进行误差及质量分析。

6. 结束加工

松开夹具，卸下工件，清理机床，关闭数控系统电源，关闭机床总电源。

任务四 质量检测

具体见表 4-24。

表 4-24 评分表

项目比重	序号	技术要求	配分	评分标准	检测记录	得分
工艺与程序(30分)	1	程序格式规范	10	不规范每处扣 2 分		
	2	工艺过程规范、合理	10	不合理每处扣 5 分		
	3	切削用量合理	10	不合理每处扣 5 分		

续表

项目比重	序号	技术要求	配分	评分标准	检测记录	得分
机床操作（20分）	4	工件、刀具选择安装正确	5	不正确每处扣5分		
	5	对刀及坐标系设定正确	5	不正确每处扣2分		
	6	机床操作规范	5	不规范每处扣2分		
	7	意外情况处置得当	5	出错全扣		
工件质量（15分）	8	尺寸精度符合要求	10	不合格每处扣2分		
	9	表面粗糙度符合要求	5	不合格每处扣2分		
文明生产（15分）	10	安全操作	10	出错全扣		
	11	机床清理	5	不合格全扣		
相关知识及职业能力（20分）	12	数控加工知识	10	提问		
	13	表达沟通能力	10	根据学生的实际情况酌情给0～10分		
		合作能力				
		创新能力				

项目十二 型腔加工

一、项目描述

如图4-145所示零件图，毛坯尺寸为120mm×80mm×30mm，材料为45钢，试编写零件的加工程序并进行加工。

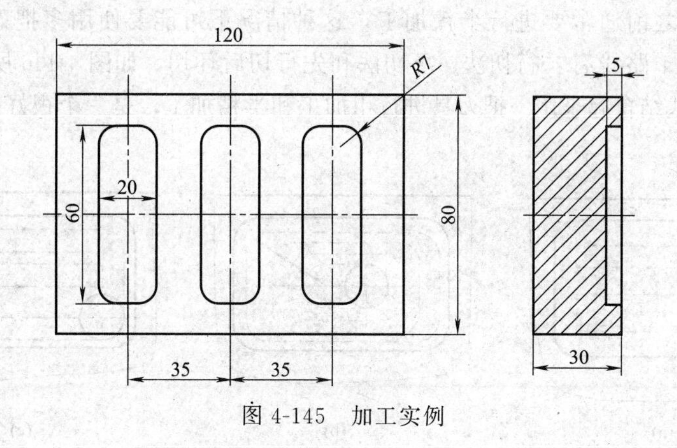

图4-145 加工实例

二、项目要求

1. 知识要求

① 熟悉常见型腔的加工方法。

② 掌握型腔铣削加工工艺。

③ 熟悉数控铣削加工切削用量的选择原则。

④ 掌握子程序的使用。

2. 能力要求

① 能合理制定型腔铣削加工工艺。

② 能使用子程序进行编程。

三、项目指导

1. 矩形型腔的加工工艺设计

型腔铣削也是数控铣床、加工中心常见的一种加工。型腔铣削需要在边界线确定的一个封闭区域去除材料，该区域由侧壁和底面围成，侧壁可以是竖直面、斜面或曲面，底面可以是平面、斜面或曲面，型腔内部可以全空或有岛屿。对于形状比较复杂的型腔则需要计算机辅助（CAM）编程。型腔铣削手工编程时需要考虑两个重要因素：刀具的切入方法和粗加工切削路线设计。

（1）刀具切入方法　型腔加工采用的刀具一般有键槽铣刀和立铣刀。键槽铣刀端部切削刃延伸至刀具中心，可以直接沿 Z 向切入工件。立铣刀由于端面中心无切削刃，大多数立铣刀均不能采用直接垂直向下进刀方式切削。用普通立铣刀加工型腔时有两种方法可以选择：一是先用钻头预钻孔，然后立铣刀通过预钻孔垂向切入；二是可以选择斜向切入或螺旋切入的方法。斜向切入和螺旋切入可以改善进刀时的切削状态，保持较高的速度和较低的切削负荷。斜向切入的同时使用 Z 轴和 X 轴（或 Y 轴）进给，进刀斜角随着立铣刀直径的不同而不同，如 ϕ25mm 刀具的常见进刀斜角为 25°，ϕ50mm 刀具的常见进刀斜角为 8°，ϕ100mm 刀具的进刀斜角为 3°。这种切入方法适用于平底、球头和 R 形立铣刀。小于 ϕ20 的刀具要使用较小的进刀斜角一般为 3°～10°。

（2）粗加工路线　型腔的加工分粗加工和精加工，先用粗加工切除大部分材料，粗加工一般不可能都在顺铣方式下进行，也不可能保证给精加工留下的余量在所有的地方都完全均匀，所以在精加工之前通常要进行半精加工，这种情况下可能要使用多把刀具。

常见的型腔加工路线有：行切法、环切法和先行切后环切，如图 4-146 所示。图 4-146（c）中把行切法和环切法结合起来用一把刀具进行粗加工和半精加工，是一个很好的方法，因为它集中了两者的优点。

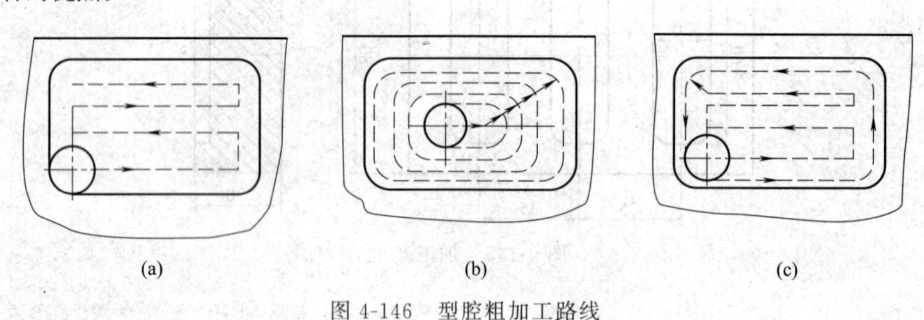

图 4-146　型腔粗加工路线

2. 切削用量的选择

如图 4-147 所示，数控铣床的切削用量包括切削速度、进给速度、背吃刀量和侧吃刀量。从刀具耐用度出发，切削用量的选择方法是：先选取背吃刀量或侧吃刀量，其次确定进给速度，最后确定切削速度。

（1）端铣背吃刀量（或周铣侧吃刀量）　背吃刀量 a_p 为平行于铣刀轴线方向测量的切削层尺寸。端铣时，背吃刀量为切削层的深度，而圆周铣削时，背吃刀量为被加工表面的

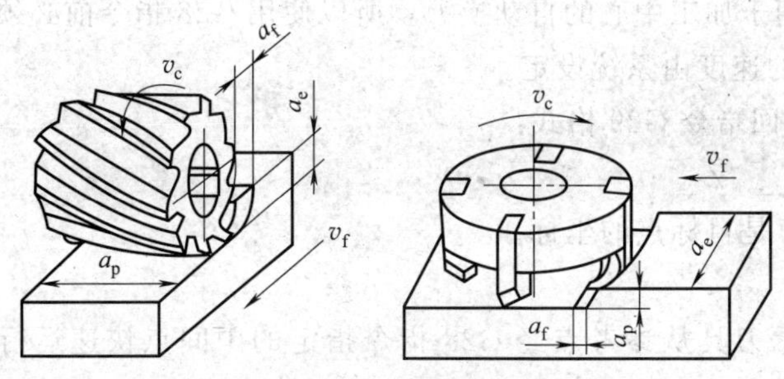

图 4-147 铣削切削用量

宽度。

侧吃刀量 a_e为垂直于铣刀轴线方向测量的切削层尺寸。端铣时，侧吃刀量为被加工表面的宽度，而圆周铣削时，侧吃刀量为切削层的深度。

背吃刀量或侧吃刀量的选取，主要由加工余量和相对表面质量的要求决定。

① 工件表面粗糙度 Ra 值为 12.5～25μm 时，如果圆周铣削的加工余量小于 5mm，端铣的加工余量小于 6mm，粗铣时一次进给就可以达到要求。但在余量较大、工艺系统刚性较差或机床动力不足时，可分两次进给完成。

② 工件表面粗糙度 Ra 值为 3.2～12.5μm 时，可分为粗铣和半精铣两步进行。粗铣时背吃刀量或侧吃刀量选取同上。粗铣后留 0.5～1.0mm 余量，在半精铣时切除。

③ 工件表面粗糙度 Ra 值为 0.8～3.2μm 时，可分粗铣、半精铣、精铣三步进行。半精铣时，背吃刀量或侧吃刀量取 1.5～2.0mm；精铣时，圆周铣削侧吃刀量取 0.3～0.5mm，端铣背吃刀量取 0.5～1.0mm。

(2) 进给速度 是单位时间内工件与铣刀沿进给方向的相对位移，进给速度 v_f与铣刀转速 n、铣刀齿数 z 和每齿进给量 f_z的关系为

$$v_f = f_z z n$$

每齿进给量 f_z的选取主要取决于工件材料的力学性能、刀具材料、工件表面粗糙度等因素。工件材料的强度和硬度越高，每齿进给量越小，反之越大。硬质合金铣刀的每齿进给量高于同类高速钢铣刀。工件表面粗糙度 Ra 越小，每齿进给量越小。工件刚性差或刀具强度低时，应取较小值。

(3) 切削速度 铣削的切削速度与每齿进给量 f_z、背吃刀量 a_p、侧吃刀量 a_e、铣刀齿数 z 成反比，而与铣刀直径 d 成正比。其原因是当 f_z、a_p、a_e、z 增大时，刀刃负荷增加，工作齿数也增多，使切削热增加，刀具磨损加快，从而限制了切削速度的提高。但加大铣刀直径 d 则可改善散热条件，因而可提高切削速度。铣削的切削速度可参考相关的切削手册。

3. 编程指令

(1) 参考点返回指令 G28 和 G29

自动返回参考点指令 G28 格式：

G28 X__ Y__ Z__;

其中，X、Y、Z 是中间点的坐标。

说明：

① G28 指令表示刀具从当前点经中间点快速运行到参考点，设置中间点的目的是为了防止发生碰撞，如果确认从当前点到参考点的过程中不会发生碰撞，也可不设置中间点。

② 本指令一般用于加工中心的自动换刀，所以使用G28指令前必须取消刀具半径补偿。

③ G28和G29的速度由系统设定。

自动从参考点返回指令G29格式：

G29 X__ Y__ Z__；

其中，X、Y、Z是目标点的坐标。

说明：

① G29指令表示刀具从参考点经G28指令指定的中间点快速运行到G29所指定的目标点。

② G29指令一般与G28指令配合使用。

（2）加工中心和数控铣床的换刀

① 加工中心换刀　加工中心用M06指令自动换刀，如T01 M06表示将01号刀换到主轴上。某程序面中只有T而没有M06，执行此程序段时，刀库运行将01号刀送到换刀位置，做好换刀准备，但此时并不实现主轴和刀库之间的刀具交换，只有在后续程序段中碰到M06时再换刀。

换刀前应使用M05指令将主轴停止，用G28指令使刀具自动返回参考点，因为有的机床的M06兼有主轴停止和刀具自动返回参考点的功能，而有的机床的M06只有刀具交换功能。

② 数控铣床换刀　只能手动换刀，数控铣床的换刀处理有两种方式：换刀前将刀具运行到合适的换刀位置，用M05将主轴停止，然后用M00指令暂停程序的执行，换发刀后，按"循环启动"键使程序继续运行；根据加工顺序，按照一把刀一个程序的原则划分程序，程序结束后由操作者手动换刀，然后再执行下一个程序。

4. 子程序

（1）子程序的定义　机床的加工程序可分为主程序和子程序两种。主程序是一个完整的零件加工程序，或是零件加工程序的主体部分。它和被加工零件或加工要求一一对应，不同的零件或不同的加工要求，都有唯一的主程序。

在编制加工程序中，有时会遇到一组程序段在一个程序中多次出现，或者在几个程序中都要使用它。这个典型的加工程序可以做成固定程序，并单独加以命名，这组程序段就称为子程序。

子程序一般都不可以作为独立的加工程序使用，它只能通过调用，实现加工中的局部动作。子程序结束后，能自动返回到调用的程序中。

（2）子程序的嵌套　为了进一步简化程序，可以让子程序调用另一个子程序，这一功能称为子程序的嵌套。当主程序调用子程序时，该子程序被认为是一级子程序，系统不同，其子程序的嵌套级数也不相同。一般情况下，在FANUC 0i系统中，子程序可以嵌套4级，如图4-148所示。

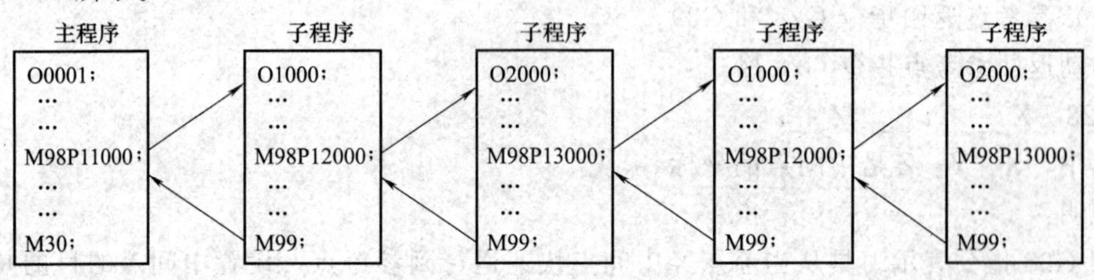

图4-148　子程序的嵌套

（3）子程序的格式与调用

① 子程序的格式　在大多数数控系统中，子程序和主程序并无本质区别。子程序和主程序在程序名及程序内容方面基本相同，但结束标记不同。主程序用 M02 或 M30 表示主程序结束，而子程序则用 M99 表示子程序结束，并实现自动返回主程序功能。

② 子程序的调用　在 FANUC 0i 系统中，子程序的调用可以通过辅助功能代码 M98 指令进行，且在调用格式中将子程序的程序名地址改为 P，其常用的子程序调用格式有两种。

格式一：

M98　P×××× L××××；

其中，地址 P 后面的四位数字表示子程序名，地址 L 的数字表示重复调用次数，子程序名及调用次数前的 0 可省略不写。如果只调用子程序一次，则地址 L 及其后的数字可省略。

格式二：

M98　P××××××××；

地址 P 后面的八位数字中，前四位表示调用次数，后四位表示子程序名，采用此种调用格式时，调用次数前的 0 可以省略不写，但子程序名前的 0 不可省略。

③ 注意事项

a. 注意主、子程序间模式代码的变换。

b. 在半径补偿模式中的程序不能被分支。

（4）子程序的应用

① 一次装夹加工多个形状相同或刀具运动轨迹相同的零件，即一个零件有重复加工部分的情况下，为了简化加工程序，把重复轨迹的程序段独立编成一个程序进行反复调用。

例如，加工如图 4-149 所示多个相同凸台外形轮廓（凸出高度为 5mm）的零件。

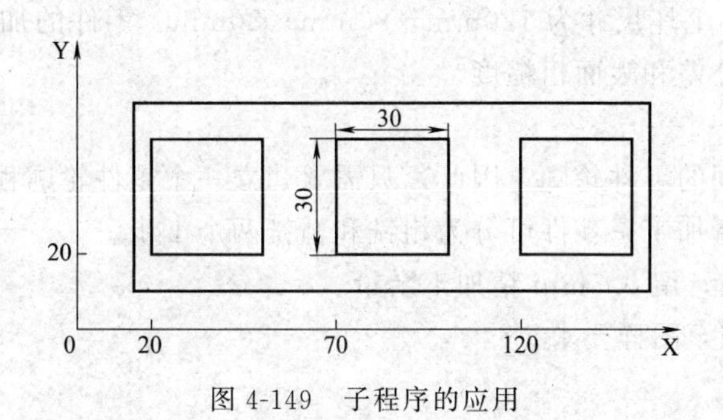

图 4-149　子程序的应用

O1201；（主程序）

G90 G94 G40 G21 G54；

T01 M06；

M03 S1000；

G00 X0.0 Y0.0 Z5.0；

G01 Z－5.0 F100；

M98 P1202 L3；

G90 G00 X0.0 Y0.0；

G00 Z100.0；

G91 G28 Z0.0；

```
M05;
M30;
O1202;(子程序)
G91 G41 X20.0 Y10.0 D01;
Y40.0;
X30.0;
Y-30.0;
X-40.0;
G40 X-10.0 Y-20.0;
X50.0;
M99;
```

② 当使用改变刀补量大小的方法来实现从粗加工到精加工的全部过程时，一般都是反复运行同一个程序，其中需要人工干预的操作性质较多，因而操作失误的可能性也较大。如果把这些重复运行的程序重复书写，就会增大编程调试的工作量，也不太方便。为此，很多数控系统都提供了子程序重复调用来达到这样的目的。

③ 有时零件在某个方向上的总切削深度比较大，要进行分层切削，则编写该轮廓加工的刀具轨迹子程序后，通过调用该子程序来实现分层切削。

四、项目实施

任务一 工艺分析

1. 零件图样分析

如图 4-145 所示，毛坯尺寸为 120mm×80mm×30mm。零件的加工表面为内轮廓表面和底面，未注明尺寸公差和表面粗糙度。

2. 工艺分析

零件中有三个相同的零件轮廓。因此，只需要建立一个零件轮廓程序为子程序，其余可以通过调用子程序进行加工，零件可分为粗铣和精铣两个工步。

工步 1：粗铣型腔，留 0.5mm 精加工余量。

工步 2：精铣型腔至图样要求。

3. 工件装夹

以工件底面和侧面作为定位基准，用平口钳装夹工件，工件上表面高出钳口 10～15mm，工件底面用垫块托起，在平口钳上夹紧前后两侧面。平口钳用 T 形槽螺栓固定在数控铣床工作台上。

4. 刀具的选择

由于是加工型腔，且型腔轮廓中最小圆角半径为 $R7$，所以可以选用 $\phi12$ 键槽铣刀。

5. 切削用量选择

粗加工：$n=600\text{r/min}$，$v_f=200\text{mm/min}$。

精加工：$n=1000\text{r/min}$，$v_f=120\text{mm/min}$。

6. 加工路线

粗铣和精铣均建立刀具半径补偿，其加工路线如图 4-150 所示。通过修改刀具半径补偿值来完成轮廓的粗、精加工。粗加工刀具半径补偿 D01 的值取 $R_补=R_刀+0.5$，精加工刀具

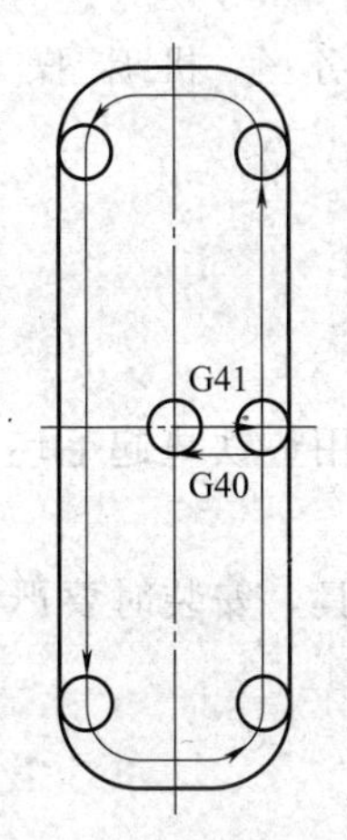

图 4-150　型腔铣削加工路线

半径补偿值取 $R_{补}=R_{刀}$。

任务二　程序编制

1. 工件坐标系的确定

为计算方便，工件坐标系原点设定在工件上表面中心处。利用寻边器、Z 轴对刀器进行对刀，确定工件坐标系原点 O。

2. 编写加工程序

该零件采用 FANUC 数控系统的指令与规则编写加工程序，具体见表 4-25。

表 4-25　参考程序

程　序	说　明
O1203；	程序名
G90 G54 G40 G17；	程序初始化
S600 M03 T01；	主轴正转
G00 X－70.0 Y0.0 Z100.0；	刀具定位
Z50.0；	下刀至安全高度
Z5.0；	下刀至安全间隙
M98 P1102 L3；	调用子程序
G90 G00 Z50.0；	抬刀
S1000；	改变主轴转速
G00 X－70.0；	刀具定位
G00 Z5.0；	下刀至安全间隙
M98 P1102 L3；	调用子程序
G90 G00 Z100.0；	抬刀
M05；	主轴停止
M30；	程序结束
O1102；	子程序
G91 G01 35.0 F100；	刀具定位
Z－5.0；	下刀
G41 G01 X10.0 D01；	建立刀具半径左补偿
G01 Y23.0；	切削加工
G03 X－7.0 Y7.0 R7.0；	
G01 X－6.0；	
G03 X－7.0 Y－7.0 R7.0；	
G01 Y－46.0；	
G03 X7.0 Y－7.0 R7.0；	
G01 X6.0；	
G03 X7.0 Y7.0 R7.0；	
G01 Y25.0；	
G40 X－10.0 Y－2.0；	取消刀具半径补偿
G00 Z5.0；	抬刀
M99；	返回主程序

任务三 机床操作

1. 加工准备

① 阅读零件图样，检查坯料尺寸。

② 开机，机床回零操作。

③ 输入程序并检查程序正确性。

④ 安装夹具，夹紧工件。装夹时用垫铁垫起毛坯，用平口钳装夹工件，使毛坯上表面高出钳口 10～15mm。

⑤ 准备刀具。该零件使用一把刀具，安装时要严格按照步骤执行，并检查刀具安装的牢固程度。

2. 对刀，设定工件坐标系

（1）X、Y 轴对刀

① 安装寻边器。

② 用 MDI 方式使主轴旋转，在工件上方将寻边器快速移动至工件左方，Z 轴下刀到一定深度，在手轮方式下将寻边器与工件侧面接触，记下此时机床 X 坐标值。

③ 手动抬刀，Z 轴移动至工件上方，在相对坐标里将 X 坐标清零，此时 X 坐标值为 0。

④ 在工件上方将寻边器快速移动至工件右方，Z 轴下刀至一定深度，在手轮方式下将寻边器与工件侧面接触，记下此时机床 X 坐标值 X_1。

⑤ 手动抬刀，Z 轴移动至工件上方，再将寻边器移动至相对坐标值为 $X_1/2$ 处，此位置为工件 X 向中心，将该位置对应的 X 轴机械坐标值存至零点偏至 G54～G59 中。

⑥ 采用同样的方法可找正工个 Y 向中心。

（2）Z 轴对刀　需要加工所用的刀具找正。可用已知厚度的塞尺或 Z 轴对刀器作为刀具与工件的中间衬垫，以保护工件表面。将刀具 Z 向所对应的零点机械坐标值存至零点偏至 G54～G59 中。

3. 程序校验

利用数控机床图形显示功能进行校验，也可采用数控加工仿真软件进行。在数控编程中，程序校验推荐采用数控仿真软件进行。

4. 自动加工

启动程序进行自动加工，并根据加工情况使用主轴、进给速度倍率开关适当调整切削速度、进给速度。

5. 尺寸测量

自动加工结束后，按图样要求对工件进行检测，并进行误差及质量分析。

6. 结束加工

松开夹具，卸下工件，清理机床，关闭数控系统电源，关闭机床总电源。

任务四 质量检测

具体见表 4-26。

表 4-26 评分表

项目比重	序号	技术要求	配分	评分标准	检测记录	得分
工艺与程序（30 分）	1	程序格式规范	10	不规范每处扣 2 分		
	2	工艺过程规范、合理	10	不合理每处扣 5 分		
	3	切削用量合理	10	不合理每处扣 5 分		

续表

项目比重	序号	技术要求	配分	评分标准	检测记录	得分
机床操作（20分）	4	工件、刀具选择安装正确	5	不正确每处扣5分		
	5	对刀及坐标系设定正确	5	不正确每处扣2分		
	6	机床操作规范	5	不规范每处扣2分		
	7	意外情况处置得当	5	出错全扣		
工件质量（15分）	8	尺寸精度符合要求	10	不合格每处扣2分		
	9	表面粗糙度符合要求	5	不合格每处扣2分		
文明生产（15分）	10	安全操作	10	出错全扣		
	11	机床清理	5	不合格全扣		
相关知识及职业能力（20分）	12	数控加工知识	10	提问		
	13	表达沟通能力	10	根据学生的实际情况酌情给0～10分		
		合作能力				
		创新能力				

项目十三 孔 加 工

一、项目描述

如图4-151所示零件图，毛坯尺寸为75mm×50mm×20mm，材料为45钢，试编写零件的加工程序并进行加工。

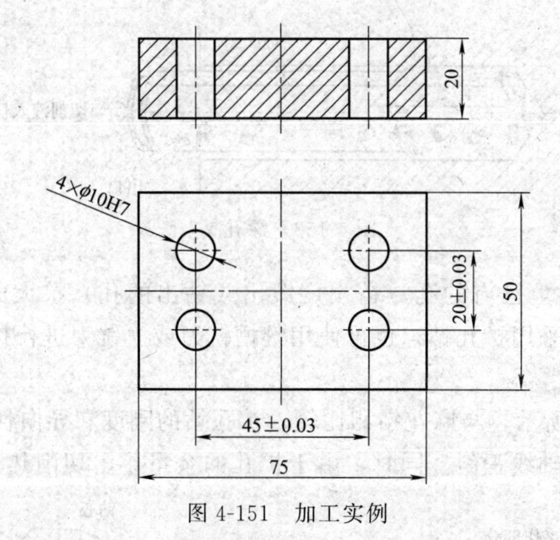

图4-151 加工实例

二、项目要求

1. 知识要求

① 熟悉孔加工常用刀具。

② 掌握孔加工工艺。

③ 掌握常用孔加工固定循环指令。

2. 能力要求

① 能合理制定孔加工工艺。

② 能使用固定循环指令完成孔类零件的编程与加工。

三、项目指导

1. 孔加工常用刀具

(1) 钻孔刀具

① 麻花钻　是最常见的孔加工刀具，如图 4-152 所示。它可在实心材料上钻孔，也可用来扩孔，主要用于加工 ϕ30mm 以下的孔。

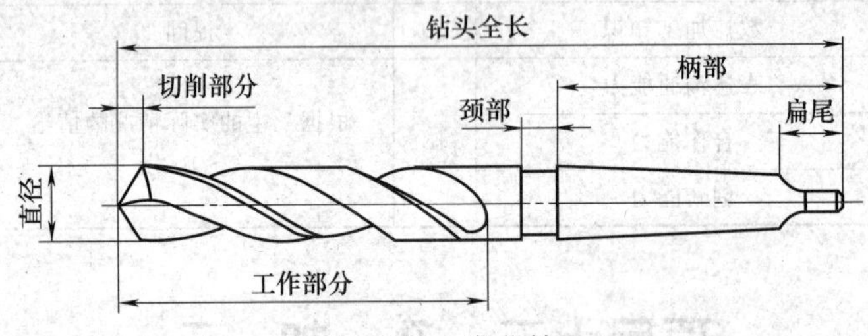

图 4-152　麻花钻

② 深孔钻　长径比（L/D）大于 5 的孔为深孔，因加工深孔是在深处切削，切削液不易注入，散热条件差，排屑困难，钻杆刚性差，易损坏刀具和引起孔的轴线偏斜，影响加工精度和生产效率，故应选用深孔加工刀具，如图 4-153 所示。

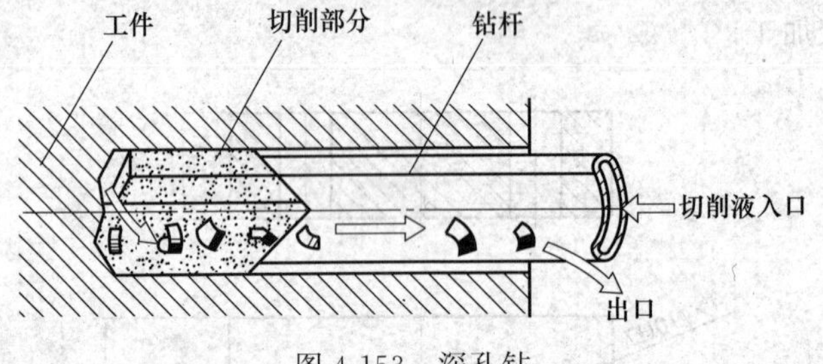

图 4-153　深孔钻

③ 扩孔钻　将工件上已有的孔（铸出、锻出或钻出的孔）扩大的加工方法称为扩孔。加工中心上进行扩孔多采用扩孔钻，也可使用键槽铣刀或立铣刀进行扩孔，经普通扩孔钻加工的精度高。

扩孔钻如图 4-154 所示，与麻花钻相比较，扩孔钻的刚度和导向性均较好，振动小，可在一定程度上校正原孔轴线歪斜。同时，由于扩孔的余量小、切削热少，故扩孔精度较高，

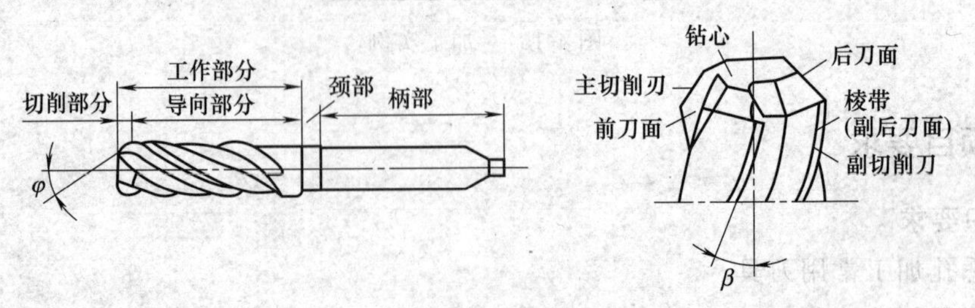

图 4-154　扩孔钻

表面粗糙度值较小。因此，扩孔属于半精加工。

④ 中心钻和定心钻　如图 4-155 所示，中心钻主要用于钻中心孔，也可用于麻花钻钻孔前预钻定心孔；定心钻主要用于麻花钻钻孔前预钻定心孔，也可用于孔口倒角。

(a) 中心钻　　(b) 定心钻

图 4-155　中心钻与定心钻

(2) 镗刀

在数控机床上用镗刀对大中型孔进行半精加工和精加工称为镗孔。镗孔的尺寸精度一般可达 IT7～IT10。镗刀种类很多，按切削刃数量可分为单刃镗刀和双刃镗刀，如图 4-156 所示。

(a) 单刃镗刀　　(b) 双刃镗刀

图 4-156　镗刀

① 单刃镗刀　用于镗削通孔、阶梯孔和不通孔。单刃镗刀只有一个刀片，使用时用螺钉装夹到镗杆上，垂直安装的刀片镗通孔，倾斜安装的刀片镗不通孔或阶梯孔。单刃镗刀刚性差，切削时易引起振动，为减小径向力，宜选用较大的主偏角。单刃镗刀结构简单，适应性广，通过调整镗刀刀片的悬伸长度即可镗出不同直径的孔，粗、精加工都适用；但单刃镗刀调整麻烦，效率低，对工人操作技术要求高，只能用于单件小批生产的场合。

② 双刃镗刀　镗削大直径的孔也可选用双刃镗刀。双刃镗刀有两个对称的切削刃同时工作，也称为镗刀块。双刃镗刀的头部可以在较大范围内进行调整，且调整方便，最大镗孔直径可达 1000mm。切削时两个对称切削刃同时参与切削，不仅可以消除切削力对镗杆的影响，而且切削效率高。双刃镗刀刚性好，容屑空间大，两径向力抵消，不易引起振动，加工精度高，可获得较好的表面质量，适用于大批大量生产。

(3) 铰刀　铰孔是用铰刀对孔进行精加工的方法。铰孔往往作为中小孔钻、扩后的精加工，也可用于磨孔或研孔前的预加工。铰孔只能提高孔的尺寸精度和形状精度，减小其表面粗糙度值，不能提高孔的位置精度，也不能纠正孔的轴线歪斜。一般铰孔的尺寸精度可达 IT7～IT9，表面粗糙度值可达 1.6～0.8μm。

图 4-157 所示为几种常用铰刀，铰刀的工作部分包括切削部分和校准部分。切削部分为锥形，担负主要切削工作；校准部分起导向、校正孔径和修光孔壁的作用。

标准铰刀有 4～12 齿。铰刀的齿数除与铰刀直径有关外，主要应根据加工精度的要求选

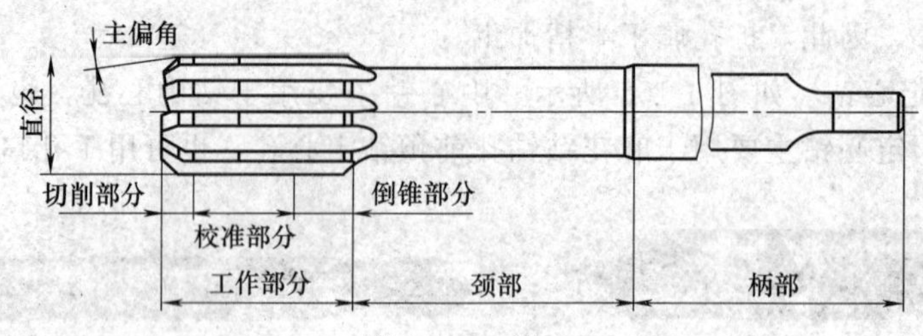

图 4-157　铰刀

择。齿数多，导向性好，齿间容屑槽小，心部粗，刚性好，铰孔获得的精度较高；齿数少，铰削时稳定性差，刀齿负荷大，容易产生形状误差。铰刀齿数选择可参照表 4-27。

表 4-27　铰刀齿数

铰刀直径/mm		1.5～3	>3～14	>14～40	>40
齿数	一般加工精度	4	4	6	8
	高加工精度	4	6	8	10～12

（4）锪刀　主要用于各种材料的锪台阶孔、锪平面、孔口倒角等工序，常用的锪刀有平底型、锥型及复合型等，如图 4-158 所示。

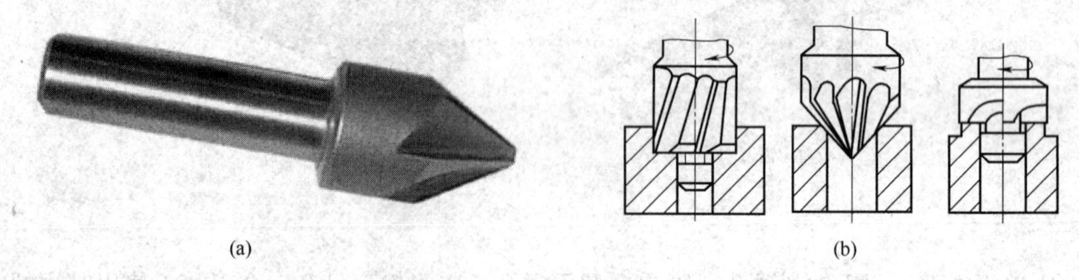

图 4-158　锪刀

（5）机用丝锥　如图 4-159 所示，机用丝锥主要用于加工 M6～M20 的螺纹孔。从原理上讲，丝锥就是将外螺纹做成刀具。

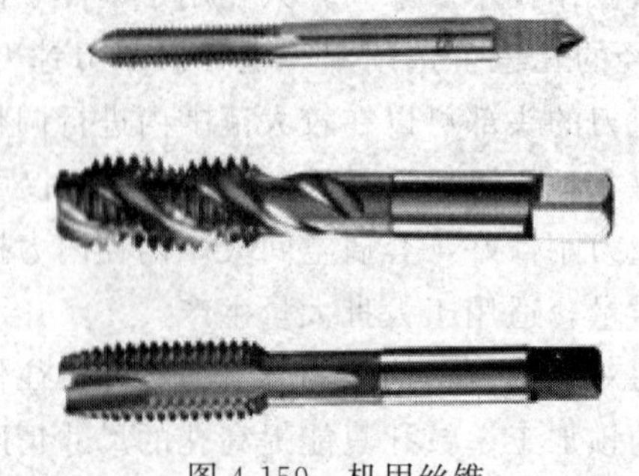

图 4-159　机用丝锥

（6）螺纹铣刀　有圆柱螺纹铣刀、机夹螺纹铣刀和组合式多工位专用螺纹镗铣刀等，如图 4-160 所示。

圆柱螺纹铣刀的螺纹切削刃与丝锥不同，刀具上无螺旋升程，加工中的螺旋升程靠机床运动实现。由于这种特殊结构，该刀具既可加工右旋螺纹，也可加工左旋螺纹，但不适用于

图 4-160 螺纹铣刀

较大螺距螺纹的加工。

机夹螺纹铣刀适用于较大直径螺纹的加工。其特点是刀片易于制造，价格较低，有的螺纹刀片可双面切削，但抗冲击性能较整体螺纹铣刀稍差。因此，该刀具常用于加工铝合金材料。

组合式多工位专用螺纹镗铣刀的特点是一刀多用，一次完成多工位加工，可节省换刀等辅助时间，显著提高生产率。

2. 孔加工工艺设计

（1）孔类零件加工工艺分析

① 一般来说，直径较小的孔（一般直径小于或等于 ϕ30mm 的孔）可用钻头钻孔。

② 直径较大的孔（一般指直径大于 ϕ30mm 的孔）的加工分为有底孔和无底孔两种：无底孔必须先钻孔再扩孔，或用镗刀进行镗孔，也可以用铣刀按轮廓加工的方法铣出；有铸造或锻造底孔，则可直接进行镗孔或铣孔。

③ 如果孔的位置精度较高，可以先用中心钻或定心钻钻出孔的中心位置。

④ 小孔的精加工工艺一般为：钻—扩—铰。

⑤ 大孔的精加工工艺一般为：粗镗（或粗铣）—精镗（或精铣）。

⑥ M6～M20 之间的螺纹孔，通常采用攻螺纹的方法加工。

⑦ 因加工中心上攻小直径螺纹时丝锥容易折断，故 M6 以下的螺纹可在加工中心上完成底孔加工再通过其他手段（如手工）攻螺纹。

⑧ M20 以上的内螺纹，一般用螺纹铣刀铣削加工。

（2）孔加工方案及其经济精度 常见孔加工方案的经济精度见表 4-28。

表 4-28 常见孔加工方案的经济精度

加工方案	经济精度	表面粗糙度 $Ra/\mu m$	适用范围
钻	IT11～IT12	12.5	孔径小于 15～20mm
钻→铰	IT9	3.2～1.6	
钻→铰→精铰	IT7～IT8	1.6～0.8	
钻→扩	IT10～IT11	12.5～6.3	孔径大于 15～20mm，一般不超过 30mm
钻→扩→铰	IT8～IT9	3.2～1.6	
钻→扩→粗铰→精铰	IT7	1.6～0.8	
钻→扩→机铰→手铰	IT6～IT7	0.4～0.1	

续表

加工方案	经济精度	表面粗糙度 $Ra/\mu m$	适用范围
粗镗	IT11～IT12	12.5～6.3	毛坯有铸出孔或锻出孔
粗镗→半精镗	IT8～IT9	3.2～1.6	
粗镗→半精镗→精镗	IT7～IT8	1.6～0.8	
粗镗→半精镗→浮动镗刀精镗	IT6～IT7	0.8～0.4	
粗镗→半精镗→磨	IT7～IT8	0.8～0.2	
粗镗→半精镗→粗磨→精磨	IT6～IT7	0.2～0.1	
粗镗→半精镗→精镗→金刚镗	IT6～IT7	0.4～0.05	精度要求较高的有色金属

(3) 孔加工的进给路线　加工孔时，先将刀具在 XY 平面内迅速、准确地运动到孔中心线位置，然后再沿 Z 向运动进行加工。因此，孔加工进给路线的确定包括在 XY 平面内的进给路线和 Z 向（轴向）的进给路线。

① 在 XY 平面内的进给路线　加工孔时，刀具在 XY 平面内为点位运动，因此确定进给路线时主要考虑定位要迅速、准确。例如，加工图 4-161（a）所示的零件，图 4-161（b）所示进给路线比图 4-161（c）所示进给路线节省定位时间。定位准确即要确保孔的位置精度，从同一方向趋近目标可避免受机械进给系统反向间隙的影响，如图 4-162（a）所示零

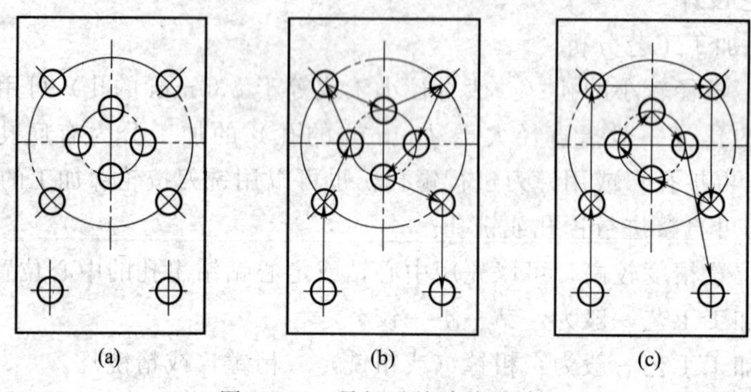

图 4-161　最短进给路线设计

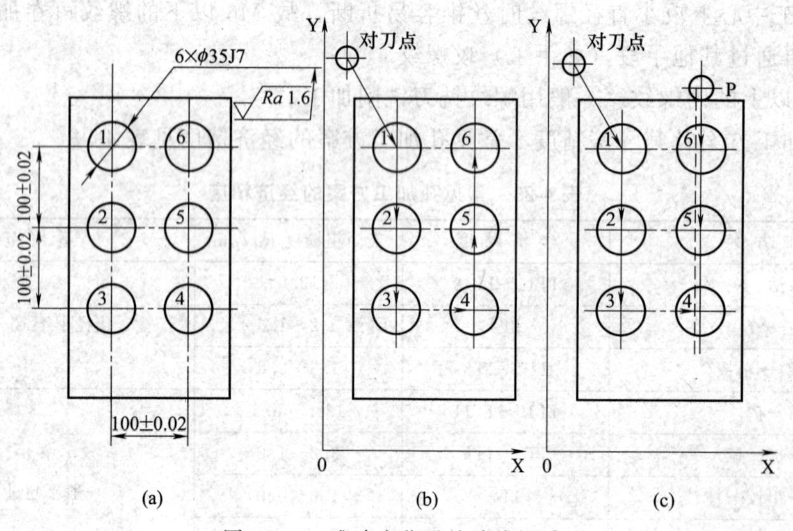

图 4-162　准确定位进给路线设计

件，按图 4-162（b）所示路线加工，Y 向反向间隙会使误差增加，从而影响孔的位置精度，按图 4-162（c）所示路线加工，可避免反向间隙。

通常定位迅速和定位准确难以同时满足，图 4-161（b）所示是按最短路线进给的，满足了定位迅速的要求，但因不是从同一方向趋近目标的，故难以做到定位精确；图 4-161（c）所示是从同一方向趋近目标位置的，满足了定位准确的要求，但又非最短路线，没有满足定位迅速的要求。因此，在具体加工中应抓主要矛盾，若按最短路线进给能保证位置精度，则取最短路线；反之，应取保证定位准确的路线。

② Z 向的进给路线　为缩短刀具的空行程时间，Z 向的进给分快进快退（即快速接近和离开工件）和工进（工作进给）。刀具在开始加工前，要快速运动到距待加工表面指定距离的 R 平面上，然后才能以工作进给速度进行切削加工。图 4-163（a）所示为加工单个孔时刀具的进给路线。加工多处孔时，为减少刀具空行程时间，加工完前一个孔后，刀具只需退到 R 平面即可，然后快速移动到下一孔位，其进给路线如图 4-163（b）所示。

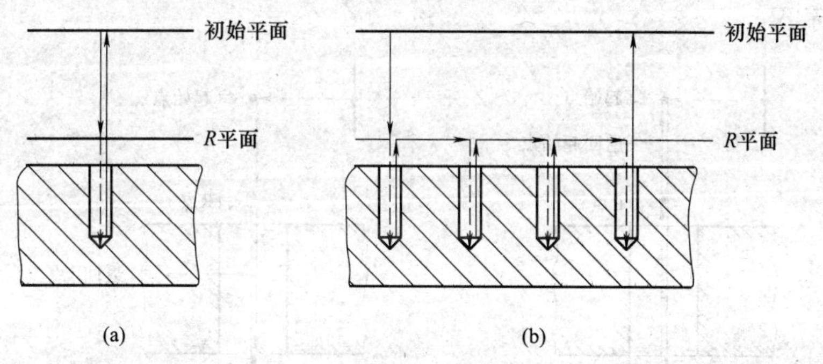

图 4-163　孔加工 Z 向进给路线

3. 孔加工固定循环指令

（1）固定循环指令基本动作　如图 4-164 所示，孔加工固定循环一般由下述六个动作组成（图中虚线表示快速进给，实线表示切削进给）。

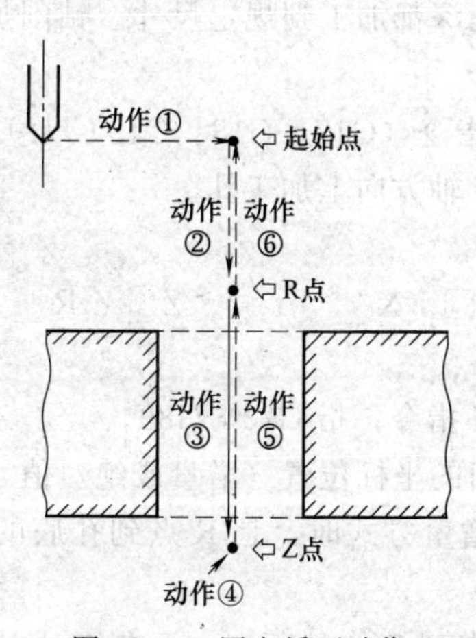

图 4-164　固定循环动作

动作①——X 轴和 Y 轴定位：使刀具快速定位到孔加工位置。

动作②——快进到 R 点：刀具自初始点快速进给到 R 点。

动作③——孔加工：以切削进给的方式执行孔加工动作。

动作④——孔底动作：包括暂停、主轴准停、刀具移位等。

动作⑤——返回到R点：继续加工其他孔且可以安全移动刀具时选择返回R点。

动作⑥——返回到起始点：孔加工完成后一般应选择返回起始点。

说明：

① 固定循环指令中地址R和地址Z的数据指定与G90或G91的方式选择有关。选择G90方式时R与Z一律取其终点坐标值；选择G91方式时则R是指自起始点到R点的距离，Z是指自R点至孔底面上Z点的距离。

② 起始点是为安全下刀而规定的点。该点到零件表面的距离可以任意设定在一个安全的高度上。当使用同一把刀具加工若干孔时，只有孔间存在障碍需要跳跃或全部孔加工完毕时，才使用G98功能使刀具返回到起始点，如图4-165（a）所示。

③ R点又称参考点，是刀具下刀时自快进转为工进的转换起点。距工件表面的距离主要考虑工件表面尺寸的变化，一般可取2～5mm。使用G99时，刀具将返回到该点，如图4-165（b）所示。

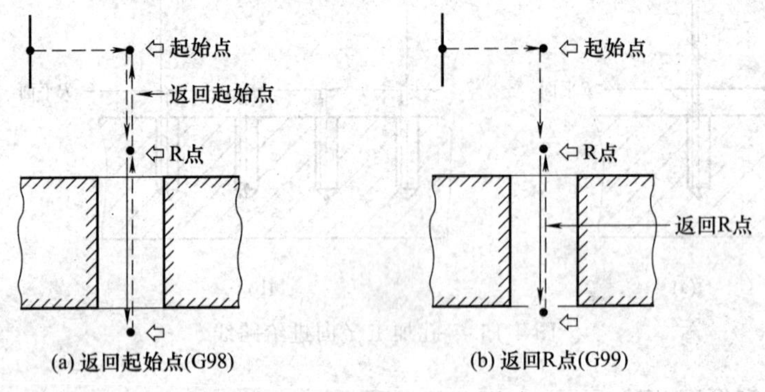

图4-165 刀具返回指令

④ 加工盲孔时孔底面就是孔底的Z轴高度；加工通孔时一般刀具还要伸出工件底平面一段距离，这主要是保证全部孔深都加工到规定尺寸。钻削加工时还应考虑钻头钻尖对孔深的影响。

⑤ 孔加工循环与平面选择指令（G17、G18、G19）无关，即不管选择了哪个平面，孔加工都在XY平面上定位并在Z轴方向上加工孔。

（2）固定循环指令格式

G90/G91 G98/G99 G□□ X__ Y__ Z__ R__ Q__ P__ F__ L__；

说明：

① G□□是孔加工固定循环指令，指G73～G89。

② X、Y指定孔在XY平面的坐标位置（增量或绝对值）。

③ Z指定孔底坐标值。在增量方式时，是R点到孔底的距离；在绝对方式时，是孔底的Z坐标值。

④ R在增量方式中是起始点到R点的距离；而在绝对方式中是R点的Z坐标值。

⑤ Q在G73、G83中，用来指定每次进给的深度；在G76、G87中指定刀具位移量。

⑥ P指定暂停时间，最小单位为1ms。

⑦ F为切削进给的进给量。

⑧ L指定固定循环的重复次数。只循环一次时可不指定。

⑨ G73～G89 是模态指令。一旦指定，一直有效，直到出现其他孔加工固定循环指令或固定循环取消指令（G80），或 G00、G01、G02、G03 等插补指令才失效。因此，多孔加工时该指令只需指定一次，以后的程序段只给出孔的位置即可。

⑩ 固定循环中的参数（Z、R、Q、P、F）是模态的，当变更固定循环方式时，可用的参数可以继续使用，不需重设。

⑪ 在使用固定循环指令编程时一定要在前面程序段中指定 M03（或 M04），使主轴启动。

⑫ 在固定循环中，刀具半径补偿（G41、G42）无效。

（3）固定循环指令

① 高速深孔啄钻循环指令 G73

格式：

G73　X__　Y__　Z__　R__　Q__　F__；

说明：孔加工动作如图 4-166 所示，分多次工作进给，每次进给的深度由 Q 指定（一般为 2～3mm），且每次工作进给后都快速退回一段距离 d，d 值由参数设定（通常为 0.1mm）。这种加工方法，通过 Z 轴的间断进给可以比较容易地实现断屑与排屑，适用于深孔加工。

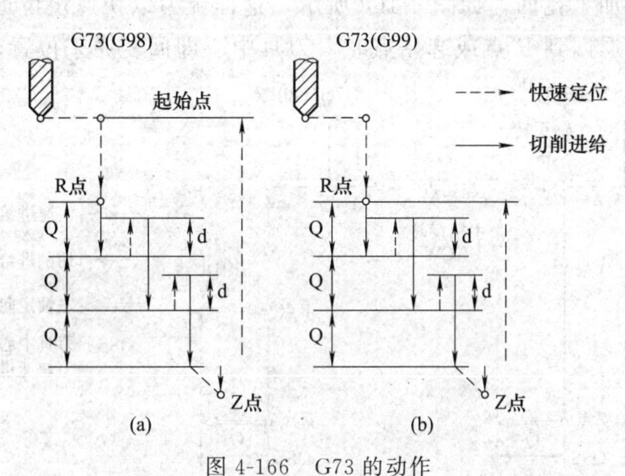

图 4-166　G73 的动作

② 攻左旋螺纹循环指令 G74

格式：

G74　X__　Y__　Z__　R__　F__；

说明：加工动作如图 4-167 所示，此指令用于攻左旋螺纹，故需先使主轴反转，再执行 G74 指令，刀具先快速定位至 X、Y 所指定的坐标位置，再快速定位到 R 点，接着以 F 所指定的进给速度攻螺纹至 Z 所指定的坐标位置后，主轴转换为正转且同时向 Z 轴正方向退回至 R 点，退至 R 点后主轴恢复原来的反转。

攻左旋螺纹的速度为 v_f＝螺纹导程 P×主轴转速 n。

③ 精镗孔循环指令 G76

格式：

G76　X__　Y__　Z__　R__　Q__　P__　F__；

说明：孔加工动作如图 4-168 所示，图中 OSS 表示主轴准停，Q 表示刀具移动量。采

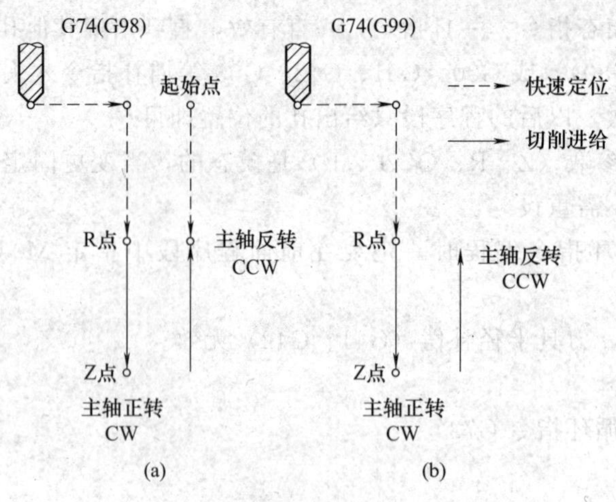

图 4-167 G74 的动作

用这种方式镗孔可以保证抬刀时不至于划伤内孔表面。

执行 G76 指令时，镗刀先快速定位至 X、Y 坐标点，再快速定位到 R 点，接着以 F 指定的进给速度镗孔至 Z 指定的深度后，主轴定向停止，使刀尖指向一固定的方向后，镗刀中心偏移使刀尖离开加工孔面，如图 4-168 所示，这样镗刀以快速定位退出孔外时，才不至于刮伤孔面。当镗刀退回到 R 点或起始点时，刀具中心即回复原来位置，且主轴恢复转动。

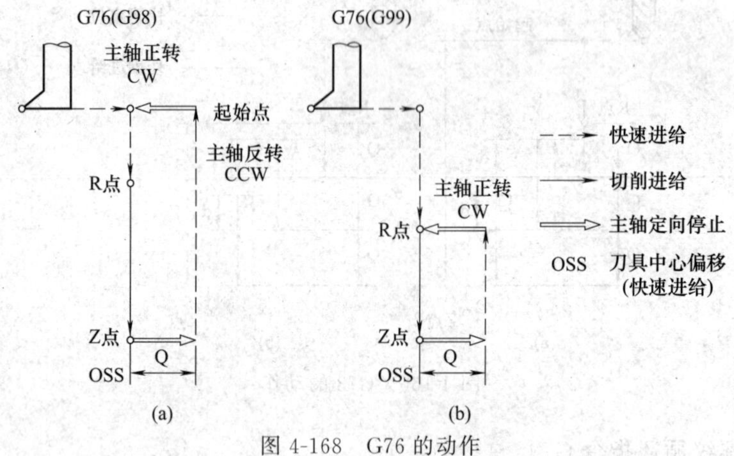

图 4-168 G76 的动作

应注意偏移量 Q 值一定是正值，且 Q 不可用小数点方式表示数值，如欲偏移 1.0mm，应写成 Q1000。

这里要特别指出的是，镗刀在装到主轴上后，一定要在 CRT/MDI 方式下执行 M19 指令使主轴准停后，检查刀尖所处的方向，如图 4-169 所示，若与图中位置相反时，必须重新安装刀具使其按图中的定位方向定位。

图 4-169 主轴定向停止与偏移

④ 钻孔循环指令 G81

格式：

G81 X__ Y__ Z__ R__ F__；

说明：孔加工动作如图 4-170 所示。本指令属于一般孔钻削加工固定循环指令。

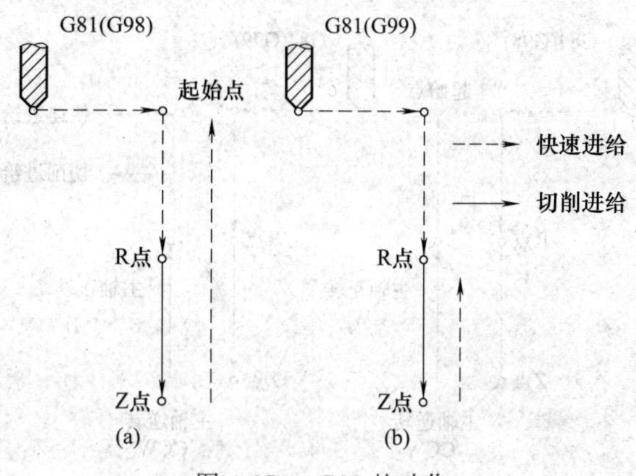

图 4-170 G81 的动作

⑤ 钻孔循环指令 G82

格式：

G82 X__ Y__ Z__ R__ P__ F__；

说明：与 G81 动作轨迹一样，仅在孔底增加了“暂停”时间，因而可以得到准确的深孔尺寸，表面更光滑，适用于锪孔或镗阶梯孔。

⑥ 深孔啄钻循环指令 G83

格式：

G83 X__ Y__ Z__ R__ Q__ F__；

说明：孔加工动作如图 4-171 所示，本指令适用于加工较深的孔，与 G73 不同的是每次刀具间歇进给后退至 R 点，可把切屑带出孔外，以免切屑将钻槽塞满而增加钻削阻力及切削液无法到达切削区。图中 d 值由参数设定，当重复进给时，刀具快速下降，到 d 规定的距离时转为切削进给，q 为每次进给的深度。

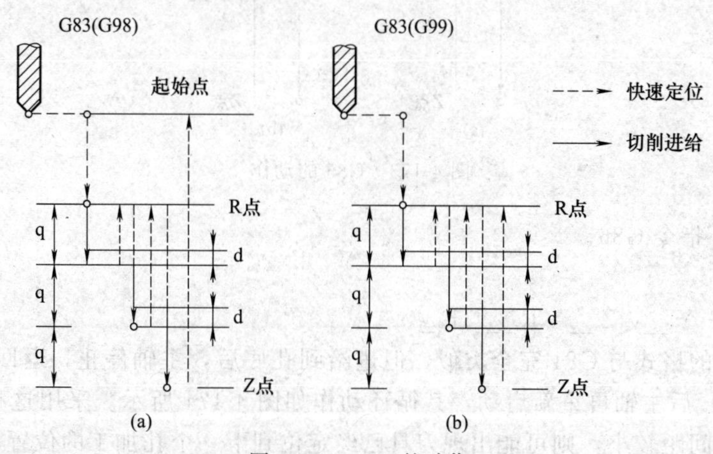

图 4-171 G83 的动作

⑦ 攻右旋螺纹循环指令 G84

格式：

G84 X__ Y__ Z__ R__ F__；

说明：与 G74 类似，但主轴旋转方向相反，用于攻右旋螺纹，其循环动作如图 4-172 所示。在 G74、G84 攻螺纹循环指令执行过程中，操作面板上的进给率调整旋钮无效，另外即

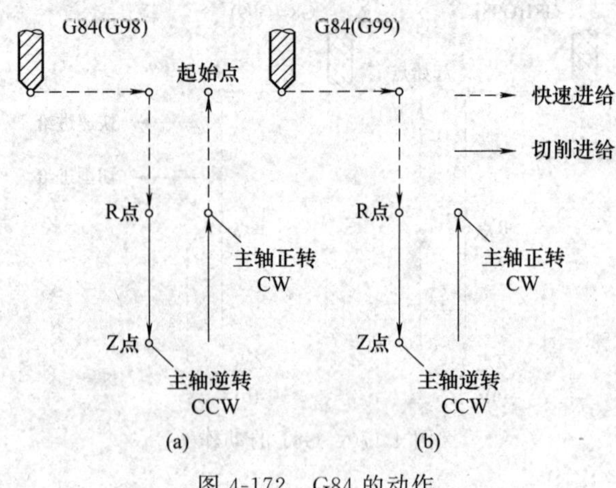

图 4-172　G84 的动作

使按下进给暂停键，循环在回复动作结束之前也不会停止。

⑧ 铰孔循环指令 G85

格式：

G85　X__　Y__　Z__　R__　F__；

说明：孔加工动作与 G81 类似，但返回行程中，从 Z→R 段为切削进给，以保证孔壁光滑，其循环动作如图 4-173 所示。此指令适宜铰孔。

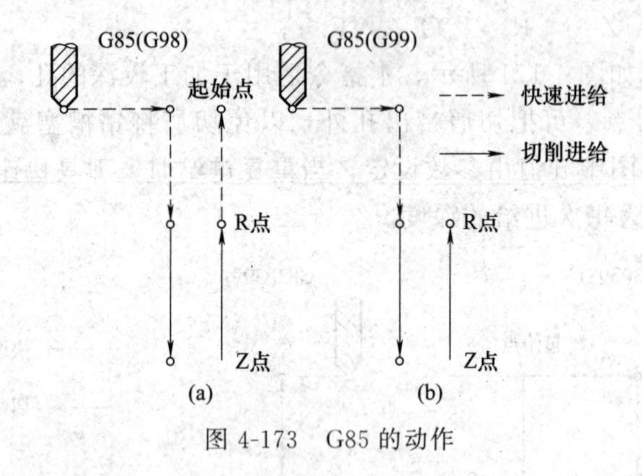

图 4-173　G85 的动作

⑨ 镗孔循环指令 G86

格式：

G86　X__　Y__　Z__　R__　F__；

说明：指令的格式与 G81 完全类似，但进给到孔底后，主轴停止，返回到 R 点（G99）或起始点（G98）后主轴再重新启动，其循环动作如图 4-174 所示。采用这种方式加工，如果连续加工的孔间距较小，则可能出现刀具已经定位到下一个孔加工的位置而主轴仍未到达规定的转速的情况，为此可以在各孔动作之间加入暂停指令 G04，以使主轴获得规定的转速。使用固定循环指令 G74 与 G84 时也有类似的情况，同样应注意避免。本指令属于一般孔镗削加工固定循环。

⑩ 取消固定循环指令 G80

格式：

G80；

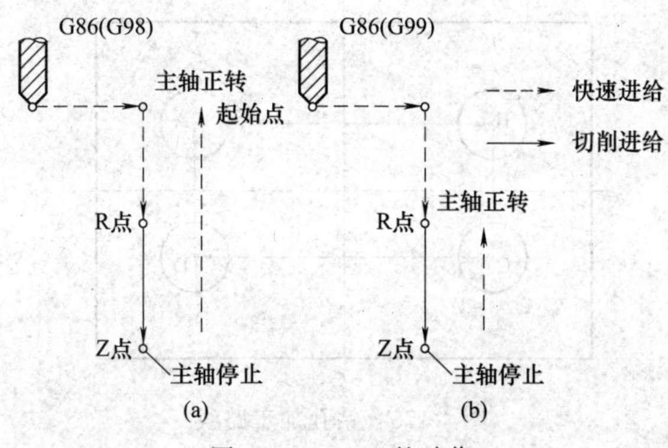

图 4-174 G86 的动作

当固定循环指令不再使用时，应用 G80 指令取消固定循环，而回复到一般基本指令状态，此时固定循环指令中的孔加工数据也被取消。

(4) 固定循环指令的重复使用 在固定循环指令最后，用 L 地址指定重复次数。在增量方式（G91）时，如果有间距相同的若干个相同的孔，采用重复次数来编程是很方便的。

采用重复次数编程时，要采用 G91、G99 方式 。

四、项目实施

任务一 工 艺 分 析

1. 零件图样分析

如图 4-151 所示，毛坯尺寸为 75mm×50mm×20mm。零件的加工部分为 4×ϕ10 的通孔，图中主要尺寸注明公差，要考虑精度问题。

2. 工艺分析

根据零件形状及加工精度要求，一次装夹完成所有加工内容。

工步 1：采用中心钻点钻定位。

工步 2：采用比孔径小的麻花钻进行钻孔。

工步 3：采用与孔径相同的铰刀进行铰孔。

3. 工件装夹

以工件底面和侧面作为定位基准，用平口钳装夹工件，工件底面用垫块托起，在平口钳上夹紧前后两侧面。平口钳用 T 形槽螺栓固定在数控铣床工作台上。

4. 刀具的选择

钻定位孔选择 ϕ2.5 中心钻；钻孔选择 ϕ9.8 麻花钻；铰孔选择 ϕ10H7 铰刀。

5. 切削用量选择

钻中心孔：n=1500r/min，v_f=80mm/min。

钻孔：n=800r/min，v_f=120mm/min。

铰孔：n=300r/min，v_f=30mm/min。

6. 加工路线

如图 4-175 所示：工步 1，在 A 点下刀，离工件上表面 5mm 处钻第一个孔，以后以 B→C→D 顺序依次加工；工步 2，路线与工步 1 相同，钻深 25mm；工步 3：路线与工步 1 相同，钻深 25mm。

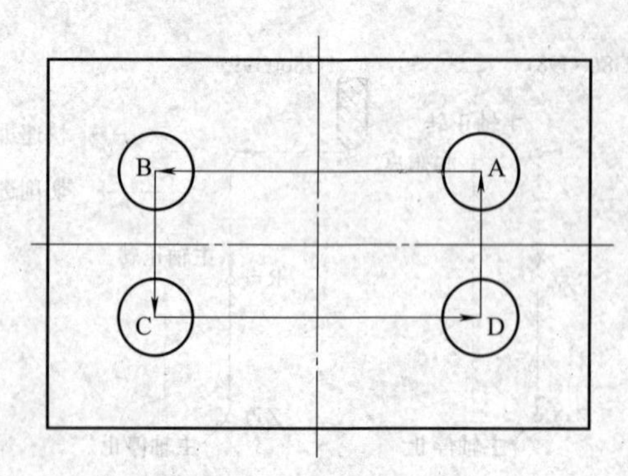

图 4-175 钻孔加工路线

任务二 程 序 编 制

1. 工件坐标系的确定

为计算方便，工件坐标系原点设定在工件上表面中心处。利用寻边器、Z 轴对刀器进行对刀，确定工件坐标系原点 O。

2. 编程点坐标的确定

根据图 4-175 所示的加工路线，可直接计算出各点坐标：A（22.5，10）、B（－22.5，10）、C（－22.5，－10）、D（22.5，－10）。

3. 编写加工程序

该零件采用 FANUC 数控系统的指令与规则编写加工程序，具体见表 4-29。

表 4-29 参考程序

程 序	说 明
O1301；	程序名
G90 G54 G40 G17 G80；	程序初始化
T01 M06；	换中心钻
S1500 M03；	主轴正转，转速 1500r/min
G00 X22.5 Y10.0；	刀具快速定位到 A 孔中心位置
G00 Z50.0；	定位至初始平面
G99 G81 X22.5 Y10.0 Z－3.0 R5.0 F80；	钻孔循环，返回 R 平面
X－22.5；	
Y－10.0；	
G98 X22.5；	返回至初始平面
G80；	取消钻孔循环
M05；	主轴停
G28；	返回参考点
T02 M06；	换 ϕ9.8 中心钻
S800 M03；	改变主轴转速
G00 X22.5 Y10.0；	刀具快速定位至 A 孔中心位置
G00 Z50.0；	定位至初始平面
G99 G83 X22.5 Y10.0 Z－25.0 R5.0 Q6.0 F120；	钻孔循环，返回 R 平面
X－22.5；	
Y－10.0；	
G98 X22.5；	返回至初始平面
G80；	取消钻孔循环
M05；	主轴停
G28；	返回参考点
T03 M06；	换 ϕ10H7 铰刀
S300 M03；	改变主轴转速
G00 X22.5 Y10.0；	刀具快速定位至 A 孔中心位置
G00 Z50.0；	定位至初始平面
G99 G86 X22.5 Y10.0 Z－25.0 R5.0 F30；	铰孔循环
X－22.5；	
Y－10.0；	
G98 X22.5；	返回至初始平面
G80；	取消钻孔循环
M05；	主轴停
M30；	程序结束

任务三 机床操作

1. 加工准备

① 阅读零件图样，检查坯料尺寸。

② 开机，机床回零操作。

③ 输入程序并检查程序正确性。

④ 安装夹具，夹紧工件。装夹时用垫铁垫起毛坯，用平口钳装夹工件，使毛坯上表面高出钳口10～15mm。定位时要利用百分表调整工件与机床X轴的平行度，控制在0.02mm内。

⑤ 准备刀具。该零件共使用三把刀具，安装时要严格按照步骤执行，并检查刀具安装的牢固程度。

2. 对刀，设定工件坐标系

(1) X、Y轴对刀

① 安装寻边器。

② 用MDI方式使主轴旋转，在工件上方将寻边器快速移动至工件左方，Z轴下刀到一定深度，在手轮方式下将寻边器与工件侧面接触，记下此时机床X坐标值。

③ 手动抬刀，Z轴移动至工件上方，在相对坐标里将X坐标清零，此时X坐标值为0。

④ 在工件上方将寻边器快速移动至工件右方，Z轴下刀至一定深度，在手轮方式下将寻边器与工件侧面接触，记下此时机床X坐标值X_1。

⑤ 手动抬刀，Z轴移动至工件上方，再将寻边器移动至相对坐标值为$X_1/2$处，此位置为工件X向中心，将该位置对应的X轴机械坐标值存至零点偏至G54～G59中。

⑥ 采用同样的方法可找正工个Y向中心。

(2) Z轴对刀　需要加工所用的刀具找正。可用已知厚度的塞尺或Z轴对刀器作为刀具与工件的中间衬垫，以保护工件表面。将刀具Z向所对应的零点机械坐标值存至零点偏至G54～G59中。

3. 程序校验

利用数控机床图形显示功能进行校验，也可采用数控加工仿真软件进行。在数控编程中，程序校验推荐采用数控仿真软件进行。

4. 自动加工

启动程序进行自动加工，并根据加工情况使用主轴、进给速度倍率开关适当调整切削速度、进给速度。

5. 尺寸测量

自动加工结束后，按图样要求对工件进行检测，并进行误差及质量分析。

6. 结束加工

松开夹具，卸下工件，清理机床，关闭数控系统电源，关闭机床总电源。

任务四 质量检测

具体见表4-30。

表4-30 评分表

项目比重	序号	技术要求	配分	评分标准	检测记录	得分
工艺与程序（30分）	1	程序格式规范	10	不规范每处扣2分		
	2	工艺过程规范、合理	10	不合理每处扣5分		
	3	切削用量合理	10	不合理每处扣5分		

续表

项目比重	序号	技 术 要 求	配分	评 分 标 准	检测记录	得分
机床操作（20 分）	4	工件、刀具选择安装正确	5	不正确每处扣 5 分		
	5	对刀及坐标系设定正确	5	不正确每处扣 2 分		
	6	机床操作规范	5	不规范每处扣 2 分		
	7	意外情况处置得当	5	出错全扣		
工件质量（15 分）	8	尺寸精度符合要求	10	不合格每处扣 2 分		
	9	表面粗糙度符合要求	5	不合格每处扣 2 分		
文明生产（15 分）	10	安全操作	10	出错全扣		
	11	机床清理	5	不合格全扣		
相关知识及职业能力（20 分）	12	数控加工知识	10	提问		
	13	表达沟通能力	10	根据学生的实际情况酌情给 0～10 分		
		合作能力				
		创新能力				

参考文献

[1] 沈建峰，虞俊. 数控铣工/加工中心操作工（高级）[M]. 北京：机械工业出版社，2013.

[2] 沈建峰，虞俊. 数控车工（高级）[M]. 北京：机械工业出版社，2009.

[3] 胡协忠，朱勤惠. 数控车工（FANUC系统）[M]. 北京：化学工业出版社，2009.

[4] 周兰. 数控车削编程与加工 [M]. 北京：机械工业出版社，2010.

[5] 陶维利. 数控铣削编程与加工 [M]. 北京：机械工业出版社，2010.

[6] 郭志宏，于春. 数控加工工艺与编程 [M]. 武汉：武汉大学出版社，2011.

[7] 陈海滨. 数控铣削（加工中心）实训与考级 [M]. 北京高等教育出版社，2008.

[8] 吕勇. 数控加工工艺 [M]. 长沙国防科技大学出版社，2010.

[9] 陈洪涛. 数控加工工艺与编程 [M]. 北京高等教育出版社，2007.